区块链共识算法导论

高建彬　夏虎　夏琦　著

科学出版社

北京

内容简介

本书主要介绍区块链共识算法基础理论和应用技术，包括常见的区块链算力共识及其业务共识，重点介绍区块链领域共识算法经典理论及相关应用成果，并提出共识算法的改进方向。本书可以使读者掌握区块链技术架构、完整的共识算法历史发展脉络、各种常见共识算法的设计思想及区块链共识算法的可能发展方向，并为其未来研究提供一些建议。

本书可供研究区块链的学者及对区块链技术感兴趣的读者阅读。

图书在版编目(CIP)数据

区块链共识算法导论 / 高建彬, 夏虎, 夏琦著. —北京：科学出版社，2023.3

ISBN 978-7-03-071446-6

Ⅰ. ①区… Ⅱ. ①高… ②夏… ③夏… Ⅲ. ①区块链技术-算法理论 Ⅳ. ①TP311.135.9

中国版本图书馆 CIP 数据核字（2022）第 025493 号

责任编辑：刘莉莉 / 责任校对：彭 映

责任印制：罗 科 / 封面设计：义和文创

科学出版社 出版

北京东黄城根北街16号

邮政编码：100717

http://www.sciencep.com

四川煤田地质制图印务有限责任公司印刷

科学出版社发行 各地新华书店经销

*

2023年3月第 一 版 开本：787×1092 1/16

2023年3月第一次印刷 印张：8 1/2

字数：198 000

定价：116.00 元

（如有印装质量问题，我社负责调换）

前　言

区块链技术是分布式数据存储、点对点传输、共识机制、加密算法等技术的集成应用，是使用密码学技术将共识确认过的区块按顺序追加而形成的分布式账本，能够不依赖第三方可信机构在陌生节点之间建立点对点的可信价值传递，和大数据、云计算等技术一起推动着新一代的技术革命。该技术依托共识机制实现了区块链对等网络中节点之间就系统交易数据的状态达成一致且不可篡改，是保证区块链系统稳定运行的关键。

共识问题是计算机科学领域的经典问题之一，是指在分布式计算机系统上通过一定的容错措施，保证系统可靠运行，并且保持系统中的各个组件都能达成对同一数据的认可。区块链系统本质上是一种分布式系统，2009 年比特币的诞生标志着区块链技术的第一次成功应用，自此区块链技术作为加密数字货币的底层支撑技术掀起了金融领域的新一轮革命，出现了点点币、EOS、比特股等诸多“产品”。随后人们发现区块链技术还可以用于解决其他实际应用场景中出现的节点不信任、数据不透明问题。截至目前，区块链技术已经延伸到物联网、智能制造、供应链管理、医疗等多个领域。

从不同维度看区块链共识算法可以得到不同的分类结果，根据区块链系统中记账权利的选择方式可以分为选举类共识、证明类共识、随机类共识、联盟类共识和混合类共识算法。其中选举类共识多见于传统分布式一致性算法，关于分布式系统中的一致性问题的描述最著名的是拜占庭将军问题。1982 年 Lamport 等就存在恶意用户的拜占庭将军场景进行了描述和论证，常见的分布式一致性共识算法包括 VR、Paxos、Raft 等。本书侧重于介绍 Paxos、Raft 和 PBFT 共识算法，此外，本书还介绍了几种主流的区块链共识算法的设计思想及典型区块链平台应用实例，并对比了它们各自的优缺点。

根据区块链系统中节点身份的不同维度可以将区块链共识算法分为算力共识和业务共识，算力共识即基于计算机算力进行区块链共识，而业务共识以业务执行流程为核心进行共识流程，依托具体业务场景赋予系统中节点不同身份，由特定身份的节点负责业务共识过程，主要应用场景包括数字版权、医疗、物流、工业、公益慈善等领域。与算力共识相比，业务共识处理效率更高但依赖于高信用环境，应用时需要考量健壮性、效率和安全之间的完美平衡。

共识算法在不断创新迭代并服务于区块链实际落地场景的同时，针对它的攻击也从未停歇。本书针对当前主流的区块链共识算法——工作量证明机制和权益证明机制的攻击方式进行介绍，实际上当前还存在多种共识机制，且每一种都有其优缺点。共识算法的实际发展过程可以说是不断发现问题并解决问题的过程，现在依然没有绝对安全的共识算法。在区块链实际落地应用时需要根据性能要求选择不同的共识机制。

目　录

第一章　区块链基本内容

1.1　区块链的基本概念及原理

1.1.1　区块链的起源与发展

20 世纪 90 年代，诞生了第一个使用密码保护的数据区块应用，它被用来实现一个不能篡改文档时间戳的系统，随后，发明者将其与默克尔树相结合，通过将多个文档证书形成一个区块来提高数据记录的效率。

直到 2008 年，区块链技术才第一次出现在比特币系统中。2008 年 10 月 31 日，一个自称中本聪的人在 www.metzdowd.com 网站的密码学邮件列表中发表了题为《比特币：一种点对点的电子现金系统》（Bitcoin：A Peer-to-Peer Electronic Cash System）的论文，文中提出，希望可以创建一套“基于密码学原理而非基于信用”的电子交易系统，即任何人可以在不知道对方背景信息的情况下进行交易，且不需要第三方介入。

2008 年 11 月 9 日，中本聪在 SourceForge 网站上注册了比特币(bitcoin)项目，并于英国时间 2009 年 1 月 3 日在芬兰赫尔辛基的一个小型服务器上挖出了序号为 0 的比特币区块——创世区块(上帝区块)，如图 1.1 所示，同时获得了 50 个比特币的挖矿奖励。

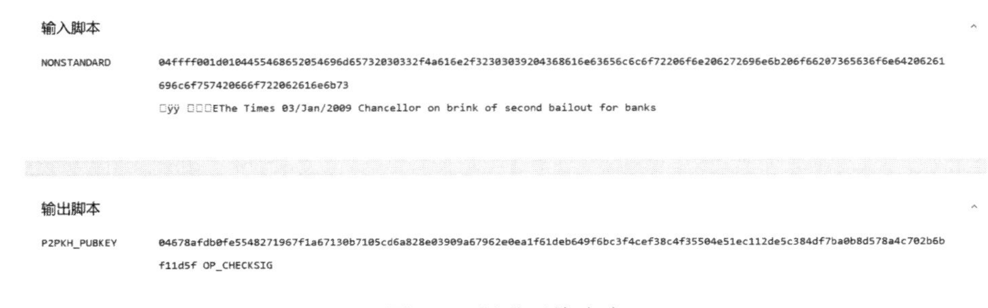

图 1.1　创世区块内容

在第一个区块中没有交易记录，只有《泰晤士报》2009 年 1 月 3 日的头版文章标题，即“Chancellor on brink of second bailout for banks”，意思是财政大臣将对银行进行第二次救助，如图 1.2 所示。

紧接着在 2009 年 1 月 9 日，序号为 1 的比特币区块被挖出，与序号为 0 的创世区块相连后形成了链，这标志着区块链的诞生。

要进一步了解区块链的起源，需要回到 20 世纪 90 年代末，从一个名为“B-money”的虚拟货币提案说起。

THE TIMES

£1.50

Eat Out from £5

More than 900 great restaurants, including four Gordon Ramsay favourites from £15

Israel prepares to send tanks and troops into Gaza

Michael Sheen Frost, Nixon and me

Working mums So that's how she does it

Detox in style The best spas on the planet

Chancellor on brink of second bailout for banks

Billions may be needed as lending squeeze tightens

Salmon Rushdie I Won't Marry Again

Giant Killing? Guide to the FA Cup Third Round

99p

图 1.2 《泰晤士报》2009 年 1 月 3 日的头版文章

1. B-money

毕业于美国华盛顿大学的戴伟(Wei Dai)于1998年提出了匿名的分布式电子加密货币系统 B-money。在这个系统中，参与者通过解决复杂的计算难题来产生资金，并通过匿名的方式使用分布式数据库来交换数字货币。典型的电子现金系统会使用一个中心账簿来追踪账户余额。不管是中央银行、商业银行、Visa 或者任何其他的支付服务提供商，都需要一个由中心控制的数据库来追踪资金所有者。在 B-money 提案中，账簿不再由一个中心机构管理，而是由所有匿名参与者共同管理。账簿包含公钥，上面附着相应的金额，每个参与者都拥有一份账簿的副本，当一笔新交易产生时，参与者都将更新他们的副本。这种去中心化的手段使任何人都不能阻止交易，同时也保证了所有用户的隐私安全。B-money 虽然在一定程度上实现了去中心化的加密货币系统(其核心思想与比特币非常相似)，但在实践中还是存在很大的困难，包括货币初始化(要求所有参与者共同参与计算量成本的制定并就此达成一致)以及共识模型(不具备鲁棒性)等困难未被解决。尽管如此，中本聪还是在比特币的论文中引用了戴伟的工作，并且在比特币官网上将 B-money 视作比特币的思想来源，这足以证明 B-money 和其创始人戴伟的伟大。

2. HashCash

在区块链中，由谁获得打包区块的权利并将系统中进行的交易信息打包成块添加到链上是一个重要问题。在比特币的设计中，区块头部分包含一个难度值，所有节点都可以随机选取一个值，并采取某种算法将值和交易信息等进行计算使结果符合难度，比特币设计中采用的算法引用了 HashCash。

英国埃克斯特大学的 Adam Back 于 1997 年提出了哈希现金(HashCash)技术，用于过滤垃圾邮件、抵抗针对邮件的DDoS(distributed denial of service，分布式拒绝服务)攻击。HashCash使用的是一种叫Hash的散列过程，用到的算法叫SHA(secure Hash algorithm，安全哈希算法)。输入任意长度的字符串经过SHA得到的输出是固定长度的，由结果猜测出原始输入几乎不可能。正是由于这个特点，HashCash被应用在区块链的创建过程时，会创建有效块并将它们添加到链中，虽然获得创建有效块的权利很难(要不断采用Hash算法计算出符合条件的难度值)，但验证它们是否正确却很简单(只要将打包者采取的随机数进行Hash计算，观察所得的结果是否满足难度值要求)。这就是PoW(proof of work，工作量证明)机制，PoW最终也成为比特币的基石。HashCash也是中本聪论文中为数不多的引用之一。

3. 拜占庭将军问题

区块链技术需要解决的问题之一就是如何达成共识，共识问题在比特币中也有出现，那么共识是什么？共识的起源又从哪里说起？这就需要提到拜占庭将军问题。

拜占庭将军问题(Byzantine failures)也被称为拜占庭容错问题，是由Leslie Lamport(2013年图灵奖得主)提出的一个在点对点通信中用来描述分布式系统一致性问题的著名例子，见图1.3。

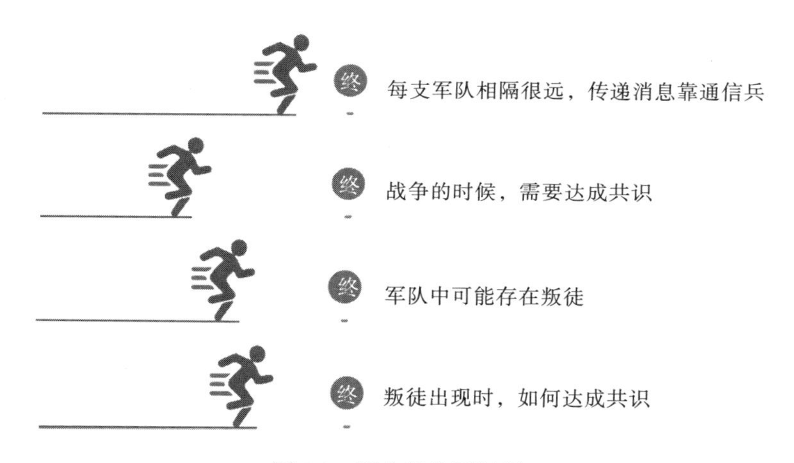

图1.3 拜占庭将军问题

这个例子讲的是拜占庭帝国派出10支军队去包围敌国，10支军队单独进攻都毫无胜算，至少需要6支军队(一半以上)同时进攻才能攻下敌国。这10支军队在分开包围的情况下，依靠通信兵骑马相互通信来协商进攻意向和进攻时间。

在拜占庭将军问题中并不考虑通信兵是否会被截获或无法传达信息等问题，即消息传递的信道是绝无问题的(Lamport已经证明了在消息可能丢失的不可靠信道上试图通过消息传递的方式达到一致性是不可能的，所以在研究拜占庭将军问题时已经假设了信道是没有问题的)。然而困扰这些将军的是，他们如何才能确定在通信中是否有叛徒擅自变更进攻意向或进攻时间？如何才能保证有多于(或等于)6支军队在同一时间一起发动进攻赢得战斗？

首先假设没有叛徒，A 将军提出一个进攻提议(如明日 13:00 进攻)，由通信兵分别告诉其他将军，如果他收到了其余 6 位以上将军的同意，则发起进攻。但是，若其他将军也在此时发出不同的进攻提议(如明日 14:00 进攻)，由于时间上的差异，不同的将军收到(并认可)的进攻提议可能是不一样的，这时可能就会出现 A 将军提议有 3 位支持者，B 将军提议有 4 位支持者，C 将军提议有 2 位支持者等情况。

我们继续增加分析的复杂性，在队伍中加入叛徒，有可能出现如图 1.4 所示的问题。那么在有叛徒的情况下，一个叛徒会向不同的将军发出不同的进攻提议(如通知 A 明日 13:00 进攻，通知 B 明日 14:00 进攻等)，一个叛徒也可能同意多个进攻提议(如既同意 13:00 进攻，又同意 14:00 进攻等)。叛徒发送前后不一致的进攻提议，被称为拜占庭错误，能够处理拜占庭错误的容错性称为拜占庭容错(Byzantine fault tolerance，BFT)。

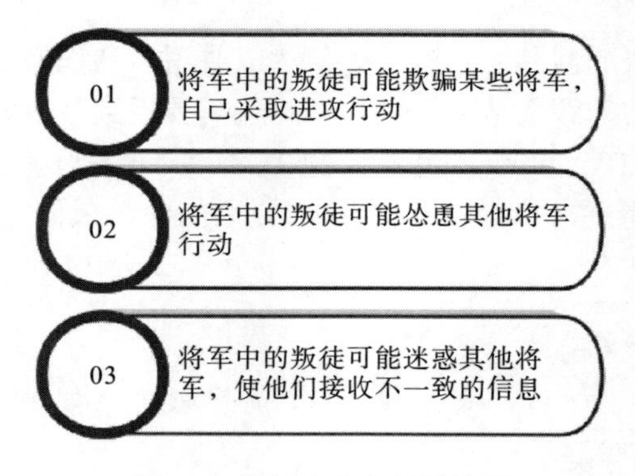

图 1.4　将军中存在叛徒情况

在比特币中，中本聪创造性地引入了 PoW 机制来解决一致性问题。在该机制中，增加了节点发送消息的成本，降低了节点发送消息的速率，保证了在一个时间点只有一个节点(或少量节点)在进行广播，同时在广播时会附上自己的签名。

回到拜占庭将军问题，工作量证明过程就是 A 将军在向其他将军发起一个进攻提议时，其他将军看到 A 将军签过名的进攻提议书，如果是诚实的将军，就会立刻同意进攻提议，而不再发起新的进攻提议。这就是比特币网络中某个区块达成共识的方法。

以上 3 种技术，是区块链起源的基石，也为区块链技术的发展应用奠定了基础。

1.1.2　区块链的基本概念及工作原理

区块链技术模型包括 9 大部分，其中包含 7 个基础技术层以及 2 个贯穿 7 个基础技术层的共用技术，7 个基础技术层分别为数据存储层、网络通信层、数据安全与隐私保护层、共识层、智能合约引擎层、应用组件层和区块链应用层，区块链与现代技术融合以及区块链技术标准为共用技术，见图 1.5。

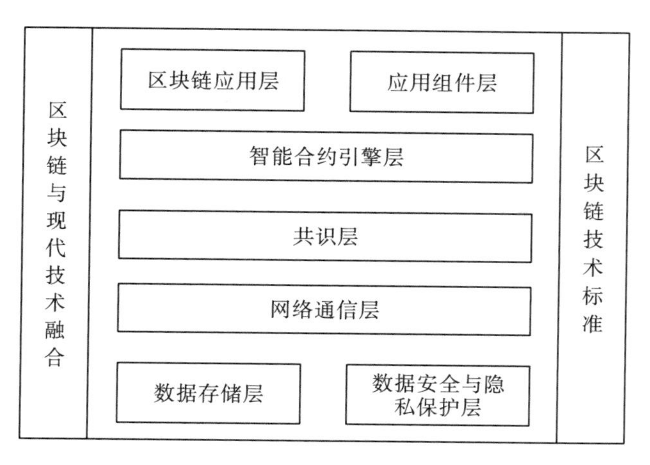

图 1.5　区块链技术模型

1. 数据存储层

数据存储层是区块链最底层的技术，是一切的基础。区块链可以抽象地理解成一个分布式账本，各个账本之间通过哈希值进行连接，构成一连串的账本链(即区块链)。每个节点都保存有账本中的数据副本，其存储形式需要借助于分布式文件系统或者分布式数据库来完成。数据存储层主要实现了两个功能，见图 1.6。

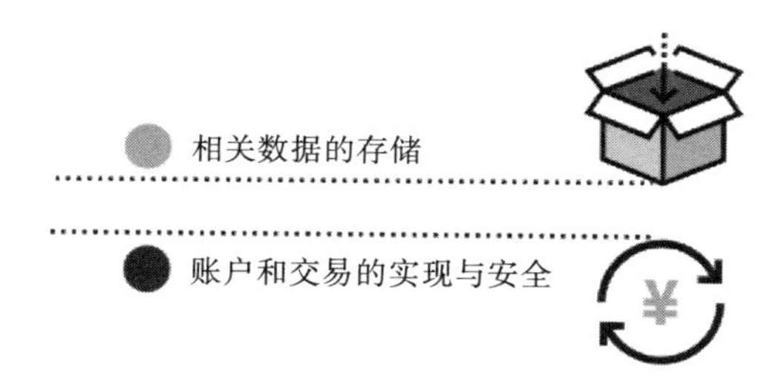

图 1.6　数据存储层功能实现示意图

2. 网络通信层

网络通信层主要包括 P2P (peer to peer) 网络和共识算法两个组成部分。P2P 网络也称为点对点网络或对等网络，其拓扑结构如图 1.7 所示。区块链的区块数据和交易数据需要通过 P2P 网络在不同的节点之间进行同步、验证。这就需要网络通信层实现数据同步、校验等消息传播机制和验证机制等。

3. 数据安全与隐私保护层

数据安全与隐私保护层主要负责区块链安全。其中的技术包括密码学加密技术、哈希算法、数字签名技术、身份认证技术、授权鉴定技术、零知识证明等隐私保护技术、防范网络攻击技术、审计追溯技术以及抗量子安全算法等安全保障技术。与传统的中心化 PKI (public key infrastructure，公钥基础设施) 安全体系不一样，区块链上的安全技术强调采用“去中心化”的区块链安全技术体系和隐私保护体系。

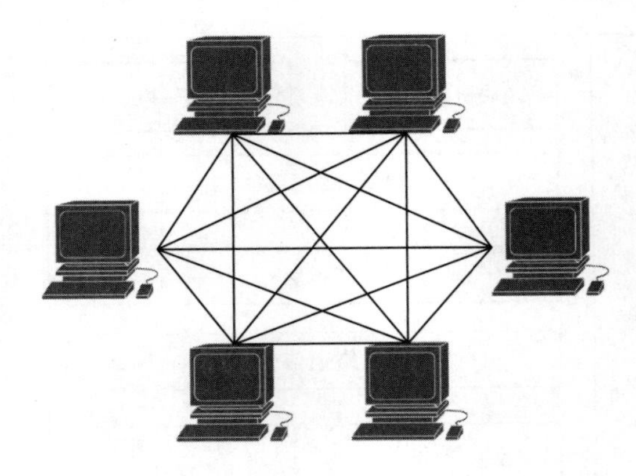

图 1.7　P2P 网络拓扑结构

4. 共识层

基于区块链的各种应用，其实质是 DApp，即去中心化应用(decentralized application)。去中心化应用在网络中的各个节点同时运行，其结果需要通过共识机制来实现共识，使得 DApp 应用状态在区块链网络中得到确认。比特币区块链和以太坊的共识层是使用工作量证明(PoW)共识机制，随着应用的不断丰富，通过工作量证明来达成共识已经不能满足应用的需求，特别是高并发需求的应用场景。因此，在不同的应用场景中需要构造能满足应用需求的共识机制，比如后来发展的权益证明(proot of stake，PoS)、委托权益证明(delegated proof of stake，DPoS)等，还有一些传统的强一致共识算法，像 Paxos 家族共识算法和拜占庭容错算法等，可以用来确保满足有强一致需求的应用场景。

5. 智能合约引擎层

为了让各种基于区块链的交易能够通过机器自动化完成各种交易和交易验证，需要用到智能合约技术。智能合约本质上是一段程序，继承了区块链数据透明、不可篡改和永久运行的三个特性，见图 1.8。

图 1.8　智能合约特性

数据透明指的是智能合约的数据处理是公开透明的，运行的时候任何参与方都可以查看合约代码和数据。不可篡改指的是部署在区块链上的智能合约代码以及运行时产生的数据输出是不可篡改的，不用担心其他恶意节点修改代码和数据。支撑区块链网络的节点往往比较多，部分节点的失效并不会导致智能合约的停止，理论上接近于永久运行。

智能合约需要有一个计算引擎支持，一般是一个能提供图灵完备计算能力的虚拟机，加上能将高级编程语言编译成虚拟机上齿形的字节码的编译器。另外，还需要设计防止图灵完备的智能合约因遭受攻击或程序设计错误进入死循环的机制，例如以太坊的 Gas 机制。未来的智能合约引擎还会提供智能合约的形式化证明，以确保智能合约部署之后逻辑正确，没有安全漏洞。

在区块链中智能合约的作用相当于一个智能助手，对区块链中的数据和交易按照预先设定的逻辑进行处理，比如可以通过专门编写的智能合约执行查询账户余额以及存钱的操作，见图 1.9。

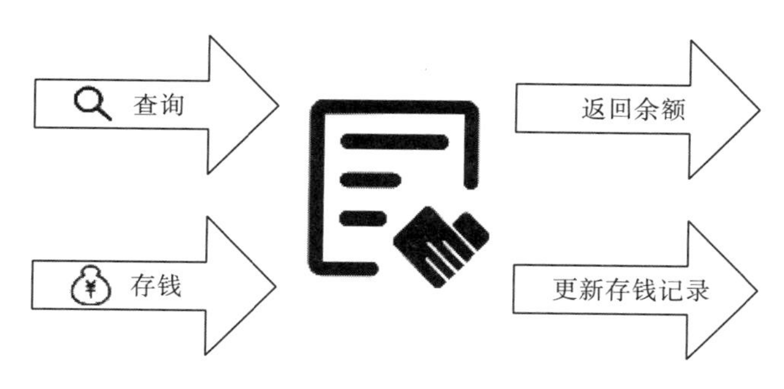

图 1.9　通过智能合约实现功能

6. 应用组件层

所有的区块链底层技术最后均需要对外提供各种应用，而应用组件层正是一个为上层应用提供区块链服务的中间件。该层包括提供发行各种资产代币（比特币、以太币等）功能的组件，还有根据不同业务规则来奖励用户的激励功能组件。这些功能都通过一个通用的 API（application programming interface，应用程序接口）对上层应用开放接口。

7. 区块链应用层

如图 1.10 所示，区块链技术最开始的应用主要集中于以货币支付为代表的比特币以及其他各种网络虚拟货币，称为区块链 1.0。随着区块链技术逐渐被认识，它凭借技术的特殊性，可以应用于更多的方面，如社会保险、物联网、社会信用体系等。这种以参与者之间的智能合约为代表的区块链 2.0 阶段的应用已经逐渐成为主流，如以太坊。由于区块链技术的特殊性，除了在区块链 1.0 和区块链 2.0 阶段有较大的应用潜力之外，它也将逐渐往更高阶段发展——面向以人类社会发展为基础的应用，我们将其定义为区块链 3.0 的应用，例如超级账本，主要包括人类的健康、社交活动、组织机构的无人化管理、选举投票等具有鲜明社会性的应用。

8. 区块链与现代技术融合

区块链技术的发展离不开现代技术的支撑。若没有点对点网络、数据加密技术等的支撑，不可能有区块链技术的发展。未来，区块链将和大数据、云计算、物联网、高速通信网、人工智能等先进技术深度融合。区块链的应用也将更智能、更普及。

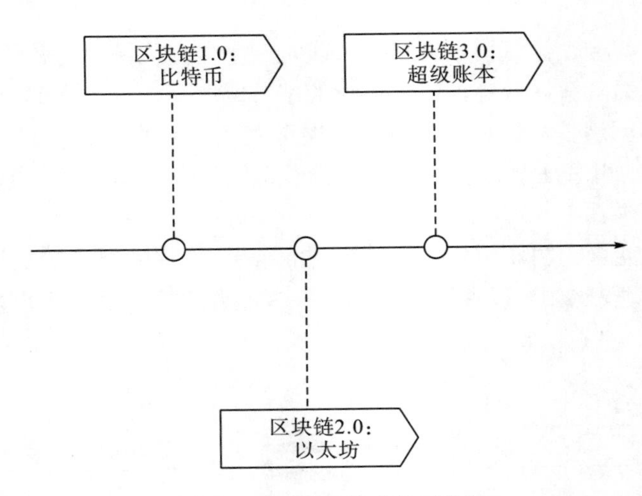

图 1.10 区块链技术发展阶段

9. 区块链技术标准

目前区块链技术在国内外尚未形成通用的技术标准。区块链技术涉及众多的核心技术，也涉及众多的数据和数据、应用和应用等的交互操作。标准化工作是一项技术能否通用、能否大范围应用的必经之路。因此，为了加快区块链技术的发展，制定各种区块链技术标准已经刻不容缓。有了统一的标准之后，大家才会对区块链有统一的认知，各种基于区块链的应用才会采用不同厂家互相认可的技术手段，使得不同商家的技术之间可以互相兼容，各种链上的信息和资产可以互联互通，从而促进区块链技术的健康发展。

1.2 区块链的相关理论

1.2.1 密码学

为了保证区块链中信息的安全性和完整性，区块的定义以及区块链的构造中，结合了大量的现代密码学技术，其中主要包括密码哈希函数和椭圆曲线公钥密码技术。除此以外，这些技术还被用于基于工作量证明的共识算法中。

密码哈希函数是一类数学函数，可以在有限合理的时间内，将任意长度的消息压缩为固定长度的二进制串，其输出值称为哈希值，也称为散列值。哈希函数具有抗碰撞性、原像不可逆性、难题友好性的特点。其中，抗碰撞性是指寻找两个能够产生碰撞的消息在计算上是不可行的，所谓碰撞指的是两个不同的消息在一个哈希函数作用下，具有相同的哈希值。原像不可逆性指的是知道输入值，很容易通过哈希函数计算出哈希值，但知道哈希值，没有办法计算出原来的输入值。难题友好性指一个哈希函数 H 为友好的，如果对于每个 n 位输出 y，若 K 是从一个具有较高不可预测性(高小熵)分布中选取的，不可能以小于 2^n 的时间找到一个 x，使得 $H(k\|x)=y$。这意味着如果有人想通过锁定哈希函数来产生一些特殊的输出 y，而部分输入值以随机方式选定，则很难找到另外一个值，使得其哈

希值正好等于 y。

公钥密码算法是现代密码学发展过程中的一个里程碑。这类密码算法需要两个密钥：公开密钥和私有密钥。公开密钥和私有密钥是一对，如果用公开密钥对数据进行加密，只有用对应的私有密钥才能解密；如果用私有密钥对数据进行加密，那么只有用对应的公开密钥才能解密。因为加密和解密使用的是两个不同的密钥，所以这种算法也可叫作非对称密码算法。区块链中使用的公私钥密码算法是椭圆曲线密码算法，每个用户都拥有一对密钥，其中一个公开，另一个私有。利用椭圆曲线密码算法，用户可以用自己的私钥对交易信息进行签名，同时别的用户可以利用签名用户的公钥对签名进行验证。

1.2.2 共识机制

区块链架构是一种分布式的架构，根据其部署模式可以分为公有链、联盟链、私有链三种，分别对应去中心化分布式系统、部分去中心化分布式系统和弱中心分布式系统，如图 1.11 所示。在分布式系统中，多个主机通过异步通信方式组成网络集群，在这样一个异步系统中，需要主机之间进行状态复制，以保证每个主机达成一致的状态信息。然而，异步系统中，可能出现无法通信的故障主机，而主机的性能可能下降，网络可能拥塞，这导致错误信息在系统中传播，因此需要在默认不可靠的异步网络中定义容错协议，以确保各主机达成完成可靠状态的状态共识。

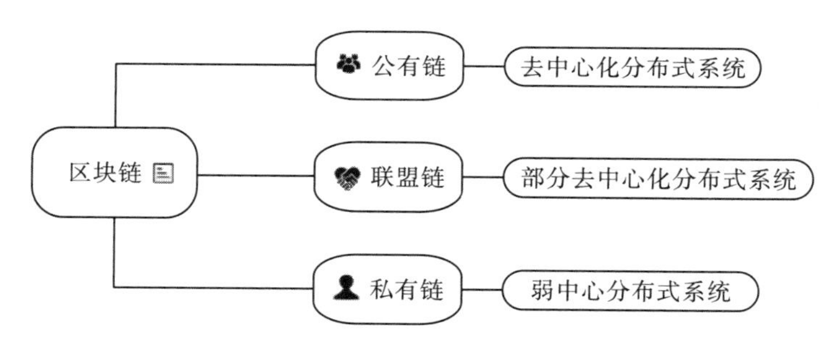

图 1.11 区块链部署模式

在 20 世纪 80 年代出现的分布式系统共识算法是区块链共识算法的基础，主要包括拜占庭容错算法、工作量证明共识机制、委托权益证明共识算法等。

1.2.3 智能合约

智能合约是 1994 年由密码学家尼克萨博最先提出的概念，几乎与互联网同龄。一个智能合约是一套以数字形式定义的承诺，以及合约参与方可以在上面执行这些承诺的协议。根据其定义，在智能合约上，一旦一个预先设定好的条件被触发，相应的合约条款就可自动执行、不可逆转，具有可信、可溯源特性，且不需要第三方介入。

1.3 典型的区块链平台

1.3.1 比特币

比特币是最早的“加密货币”，也是“虚拟货币”。中本聪为比特币设计的技术颇具独创性，包括工作量证明共识机制、UTXO(unspent transaction output，未花费的交易输出)交易链、公私钥地址、交易签名验证机制、区块链格式和基于默克尔树的 SPV(simplified payment verification，简单支付验证)等技术，见图 1.12。

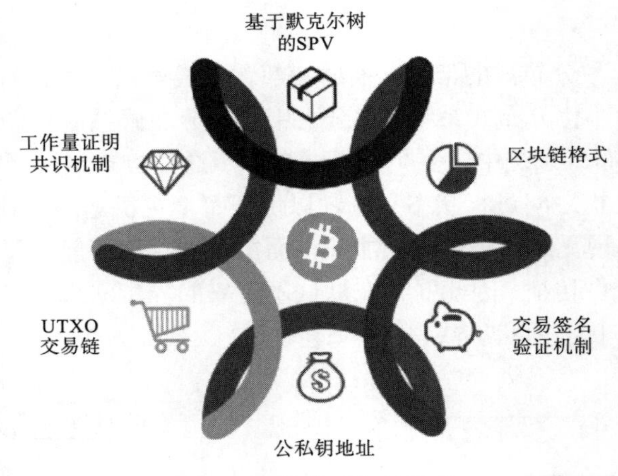

图 1.12 比特币相关技术

比特币最开始是一个货币系统，中本聪的论文中指出，它是一个 P2P 的虚拟货币。所以，虽然比特币也有脚本语言，但并不能随意在其上构建应用。因此，比特币的架构是区块链，但其目标并不是提供可任意开发应用的区块链基础架构。在这一点上，比特币给后来者留下了很大的空间去发挥。如图 1.13 所示，比特币主要的技术特征包括：①共识算法：PoW；②区块链类型：公链；③合约引擎：堆栈；④合约语言：脚本；⑤隐私模型：明文/无隐私保护。

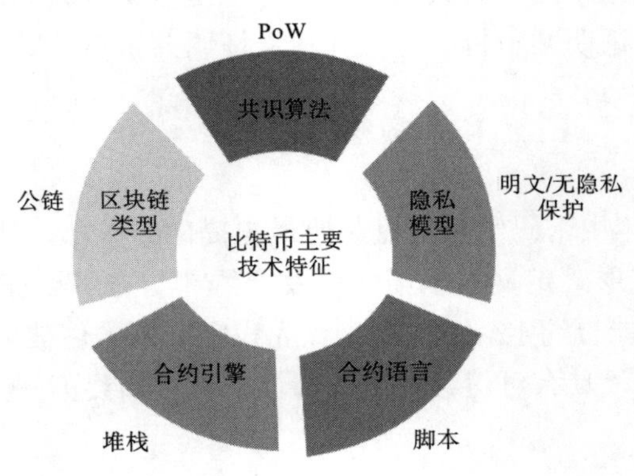

图 1.13 比特币主要技术特征

1.3.2 以太坊

以太坊又被称为区块链 2.0，其设计之初就是去中心化应用和智能合约的平台，所以以太坊的智能合约更加强大，基于其可以开发各种应用。从 2015 年 7 月上线到现在，以太坊已发展成为全球最大的去中心化应用平台，也是全球最大的区块链生态社区。

对于中本聪这样的传奇人物而言，传承的意义或许更多在于追随其精神，超越其技术。从这个角度来看，维塔利卡可称为中本聪的传承人，自 2015 年发布以太坊之后，他便在区块链圈内被“封神”。2013 年，维塔利卡发表了文章，称他要开发崭新的、更强大的区块链平台——以太坊。为了有资金去开发以太坊，他发起了众筹，接受比特币投资，最终他收到了 3 万枚比特币，按当时的价格合计一千八百多万美元。

以太坊的目标是做一个“智能合约与去中心化的应用平台”，它的思路受比特币的启发，但又从底层上背离了比特币，有颇多自己的创新。以太坊的区块链上也有币，叫作“以太币”，但以太币并非货币，与比特币不同。以太币是有功用的，是为了购买用于驱动智能合约的钱——Gas。虽然现在以太币也有明确的价值，也在交易所中明码标价，但以太币的性质决定，它并不是与法币竞争的货币。

以太坊的全部目标均围绕智能合约而展开。它提供了灵活的 EVM(ethereum virtual machine，以太坊虚拟机)，用于运行智能合约。在 EVM 中运行的智能合约是图灵完备的，这与比特币的非图灵完备的脚本形成了巨大差异。理论上，只要有足够的以太币，就可以用智能合约做任何事情。智能合约可以用 Solidity、LLL、Sergent 等语言开发，灵活且简单。以太坊上的交易和区块链都是为了驱动智能合约而存在的，从一个地址发起交易到一个智能合约地址，就将参数传递到智能合约上，并驱动智能合约运行，以获得运算结果。

以太坊与比特币的一个巨大差别是，以太坊并不存在 UTXO。比特币因 UTXO 而缺乏脚本灵活性，以太坊需要灵活强大的智能合约，所以采用了余额制，这样在余额中就可以存入智能合约的运算结果。比特币的交易数据与区块数据就是运算的结果，而在以太坊上，交易是为了驱动智能合约，智能合约所运算出来的结果要存入各个节点的状态数据库。所以，以太坊上的交易数据是过程，而状态数据库中的数据是结果。

以太坊最初的共识算法是工作量证明机制共识算法，但它是改进后的工作量证明机制，所以出块速度为 15 秒，比比特币快了很多。后来，以太坊转移到 Capser 算法，这是一种权益证明算法，出块速度可达到 1 秒。以太坊也提供权益证明模式，以适应联盟链的需求。

1.3.3 超级账本

2000 年，Linux 基金会成立。2015 年，Linux 基金会发起了 Hyperledger 项目，意在开发开源额度区块链平台，加入的组织包括埃森哲(Accenture)、英特尔(Intel)、思科(Cisco)、威睿(VMware)、空中客车(Airbus)、IBM(International Business Machines Corporation，国际商业机器公司)和华为等大公司及机构，见图 1.14，至今已有超过 250 个成员组织。

图 1.14 Hyperledger 项目成员情况

IBM 一向以面向银行、政府等大机构提供机器与服务为其业务特征。在区块链的定位上，IBM 直接奔向企业级区块链。所谓企业级区块链，也可称为“联盟链”，或者叫“许可链”，其主要特征是加入的节点需要经过认证。在 Fabric 中，设计了 CA（certificate authority，证书颁发）节点，用来认证其他参与交易、参与记账的节点。注册认证后，CA 节点就为其他节点发放证书，这个证书就类似于比特币中的公钥私钥地址，用来签名交易，保证交易的安全性。从这个认证的角度，超级账本与比特币就已经具有明显的差别了。比特币的目的是在海量的陌生节点中保证达成共识，并且比特币将隐私问题根除了：不要认证，不要身份数据。而超级账本则需要对节点进行认证，而且要注册后的可信节点。

超级账本的整体架构，与比特币、以太坊也完全不一样。超级账本的流程分为交易预案、背书、交易提交、排序、验证、广播等部分。从所要经历的环节来看，它要复杂很多，但仔细分析，就会发现其中的背书其实是就业务达成共识，并不是通信共识。超级账本的通信共识只依赖一个服务，即 Order 节点的排序服务。排序服务提供一个兰伯特逻辑时钟。并且，超级账本是构建在 Kafka 消息服务上的，虽然 Kafka 的消息服务可以构建分布式集群，但从逻辑上看，Kafka 分布式集群也可以是一个中心化的服务。在 CA 和 Order 服务这两个环节上，超级账本都有很强的中心化倾向。

在超级账本中，引入了通道的概念，Order 服务可以针对多个通道进行排序，互不干扰，互相隔离。交易节点可以加入不同的通道，不同的通道产生的交易数据在节点上存储为物理隔离的文件，实质上这就引入了多链的概念。多家企业加入一个超级账本区块链，则某几家企业可以设置自己的通道和私链，链上的其他企业看不到本通道的数据。对于一家企业而言，企业之间的私有交易非常有意义。

超级账本没有通证的概念，也没有币。它的应用场景是在认证企业间进行业务共识实现共享账本，所以，链上没有币，也没有通证。

在超级账本上，智能合约也发生了变化。首先，它的名字变成了链码；其次，用的虚拟机是 Docker，功能更加强大。链码在超级账本上有了更加重要的意义。在比特币上，有限的脚本只是为了处理一些复杂的交易。在以太坊上，以太币只是为了驱动智能合约，脱离了智能合约，以太币的链上交易也可以进行。但是对于超级账本，链码意味着所有，没有了链码，超级账本也就没有必要运行了。

超级账本在共识结果的处理上与以太坊相似。链上处理与共识的是交易，每个节点获得共识的交易结果后要运行链码，更新各自本地额度状态数据库。链的交易是过程，而状态数据库是结果。

超级账本出现以后，由于 CA 认证在许可链上的优势，以及 IBM 在品牌上的声誉，成为诸多金融企业、大机构的首选。大型金融企业在选择区块链技术的时候，第一考虑的就是节点审核功能，而超级账本的出现恰逢其时。

1.4 区块链应用

在“十四五规划”后，区块链正式被国家纳入“新基建”范围，各行各业的应用场景纷纷落地。目前国内已经有一些区块链的产业先行者开始跨入电子存证、产品溯源、金融服务和政务民生等多个应用场景内，未来还将诞生更多的区块链应用场景，如图 1.15 所示。

图 1.15 区块链应用场景

1.4.1 电子存证

公证是公证机构根据自然人、法人或者其他组织的申请，依照法定程序对民事法律行为、有法律意义的事实和文书的真实性、合法性予以证明的活动。身份、财产、文凭、合同、证据、医疗记录等都是公证的内容，从委托办事、出国签证到遗产继承等用途广泛。但传统公证服务存在手续烦琐、处理低效等痛点。

区块链技术有助于维护用于安全存管、基于时间戳记录的数据账本，同步完成存在性证明、完整性证明以及所有权证明，可提高数据证明过程的透明度，在明确权属的同时节省成本、提高效率。图 1.16 为法院基于区块链的电子存证平台。

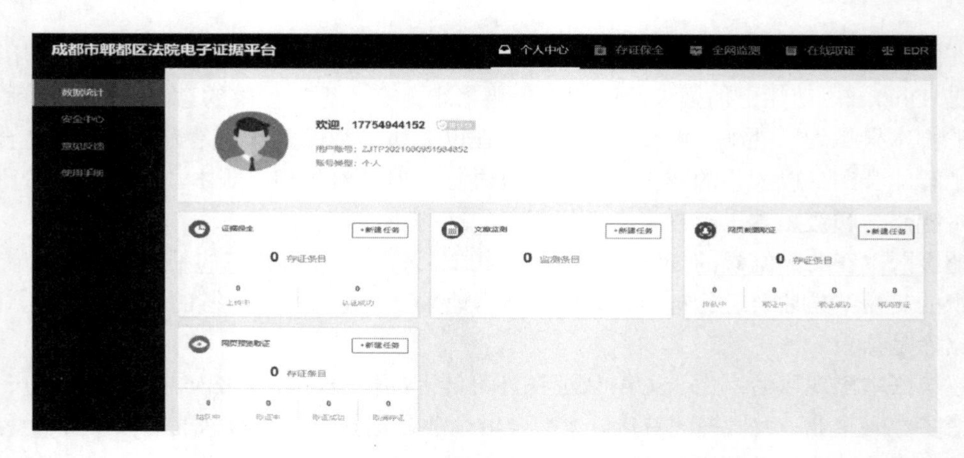

图 1.16　区块链电子存证平台

由公证机构参与操作的公证过程，具体分为两种情况。

第一，上链信息由公证机构签名背书，与现有运行体制保持一致，完全符合现有司法操作规程，法律风险小，且有利于走出取证难的困境。但这种方式存在中心化问题，公证机构仍然是系统性能瓶颈。

第二，采用用户自主发起的上链存证方法，公证机构为区块链节点之一，用户运用盲签名技术，实现公证机构对信息的签署。这种方式还有助于保护用户隐私信息的安全，非必要时尽可能不作披露。

第二种方式是完全基于区块链对等网络执行的公证过程，可以有公证机构参与或完全没有公证机构，用户自主发起，调用其他用户的公钥形成对公证信息的环签名，其中可以选择包含公证机构的公钥，相当于利用网络召集了一大批“证人”，但这样的公证信息被区块链接受并固定下来后，随着工作量证明的叠加，其证据效用将同步上升。有条件时还可构成证据链，将进一步提升证据的法律采信度。

1.4.2　产品溯源

受暴利诱惑和驱使，制假售假现象层出不穷，成为社会毒瘤，令人深恶痛绝。然而，假冒伪劣产品虽如“过街老鼠人人喊打”，但“打鼠”却不得法。据国外一制造商联合会公布的调查显示，仿冒和伪造产品占世界贸易总额的5%左右，超过1100亿美元，每年由此造成的直接和间接经济损失高达数百亿美元，因此全球不断投入巨资进行打假防伪。

药品、有机农产品、放心猪肉、高档烟酒、奢侈品等都有防伪需求，常用二维码、RFID(radio frequency identification，无线电射频识别)等技术手段进行保护，但总是存在安全漏洞。例如，制假者用较低档产品标识码进行“张冠李戴”，或自制二维码指向虚假“验证网站”“防伪热线”，具有很强的迷惑性，普通消费者难辨真假，反而被“双刃剑”所伤；如果RFID防伪信息库被盗取，进而被制假者利用，上演的就可能是“贼喊捉贼”的闹剧。因此，在全产业链防伪溯源体系中，痛点是中心化监管方式容易被人为因素左右。

区块链与物联网的结合无疑是防伪溯源的利器(图1.17)。运用区块链技术联动食品产供销产业链上的大量实体，贯穿每一个环节、每一道工序，汇集为互为关联的客观数据集合，构成可信、可审计的分布式账本，形成完整的“从田间地头到百姓餐桌”的食品安全追溯链条。

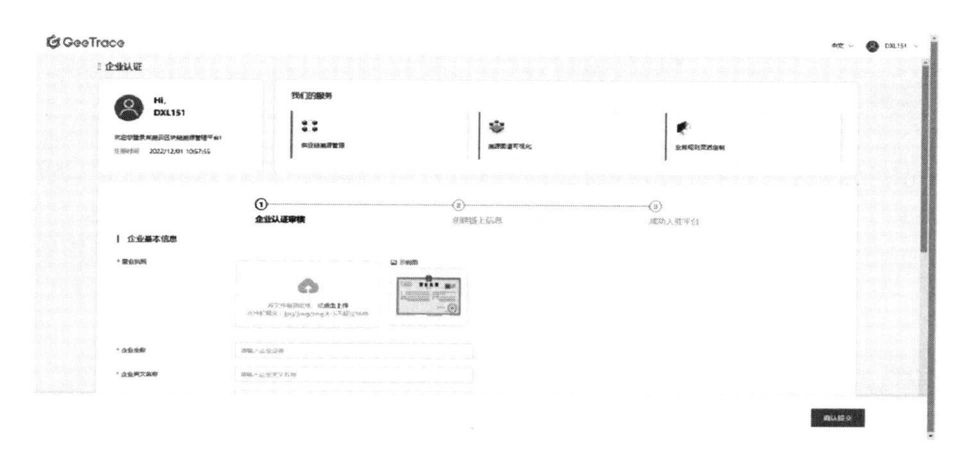

图 1.17　区块链溯源平台

区块链防伪溯源技术同样适用于艺术品市场，例如字画收藏品、工艺品。画作的独特质地、纹理(收缩等自然形成)经过数字化采样后上链保全，杜绝了制假的可能性，并且记录每一次在藏家间的转手情况，在去伪存真的同时还能留存艺术品在世间浮沉的身世档案，其背后隐藏的故事肯定比一个简单的价格更加引人入胜。

1.4.3　金融服务

比特币被设计为一种金融货币系统，不过与真正的金融系统如银行系统、期货系统、保险系统等相比，无论是承载能力还是交易速度都不在一个当量上，所以说要“颠覆”这些“传统”技术和系统，比特币还难当此任。例如 Visa 的实际处理峰值达到 1.4 万 TPS①，Alipay 超过 8 万 TPS，而比特币仅为 7TPS。专项改进后的区块链闪电支付也仍然有不小差距，而且是以链下交易为实现代价。

但针对现有金融系统存在的不足之处，可以借助区块链技术突出重围、出奇制胜。例如证券期货交易后清算结算时间是痛点，区块链技术及其虚拟币的合理运用则可以缩短结算时间。由于作为法定清偿手段，清算结算无法绕开法币，因此区块链虚拟币的应用必须实现与法币的结合。基于此，有三种可落地的方式可以实现基于区块链技术的快速金融结算，例如跨境清算结算。

方式一，由区块链负责数字资产结算，法币结算仍通过传统的跨行结算基础设施完成，例如借助商业银行并通过银联、网联支付系统完成跨行转账，区块链和传统结算基础设施之间保持严格同步，链下法币支付完成的动作将触发链上数字资产的过户。

方式二，要求区块链参与者都在同一家商业银行存入结算资金，由该商业银行在区块

① TPS 即 transaction per second，每秒事务处理量。

链上为参与者创建等量现金代币。作为数字资产的代币可以直接在链上实时兑付；银行自动保持账户余额与链上一致；参与者可以随时用代币向该银行兑回资金。

方式三，由央行在区块链上直接发行数字法币，或构建数字票据交易区块链，可以实现实时兑付，效果自然最为理想。

1.4.4 政务民生

电子政务是政府服务的基石和手段。一方面，电子政务实现了政府部门内部的办公、审批、处置、监管流程的信息化、自动化和规范化；另一方面，电子政务可以为企业(法人)和个人(自然人)提供更快捷的网上、网下服务。图 1.18 为基于区块链的公务员诚信评价系统。

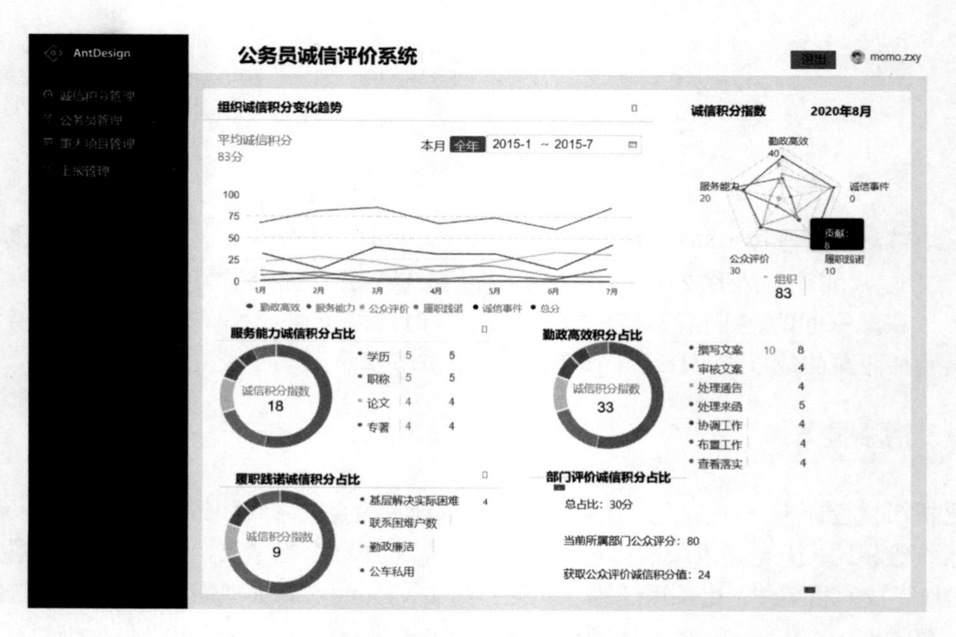

图 1.18 公务员诚信评价系统

电子政务系统运行的关键是数据。除法定保密数据、过程性数据外，其他数据都应实现部门间共享或全社会开放。但是长期以来，由于存在条块分割现象，条线部门间、地方政府间往往各自建设信息系统，虽然从单点来看可能成果斐然，但是在面上，老百姓的感受度并不够好，例如出现要自证“我是我”“我爸是我爸”的事情。究其原因，主要出在数据无法流动、贯通上，结果就是让办事的人前往其他部门去索取各种各样的“奇怪证明”，为了得到一个证明需要办理更多的证明。

部门壁垒必然造成“信息孤岛”“数据烟囱”，小循环无法造就部门联动的大循环、大气候。为了解决百姓的痛点、难点，做到“让百姓少跑腿”，首先要实现“让数据多跑腿”。这些数据从“静”到“动”大致可划分为四类，如图 1.19 所示，分别应采用不同的数据归集、治理、交换和管理的技术对策。

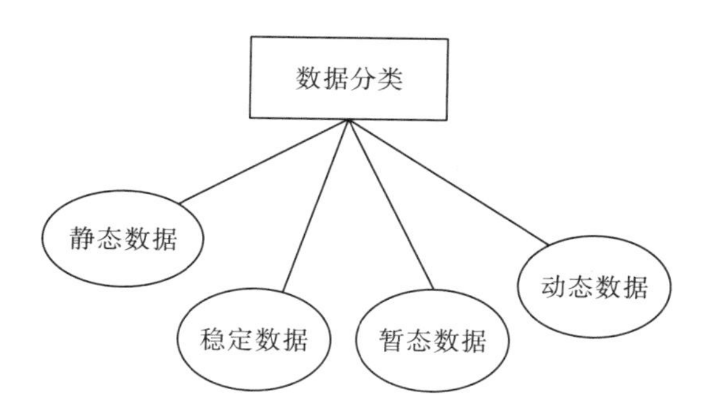

图 1.19 部门联动数据分类

静态数据：在历史中被沉淀下来的档案、卷宗、音像资料，是一个城市的珍贵记忆，应该经数字化后永久保存。这些数据已被固化，访问频率较低，应该采用集中存管方式，重点保障其可靠性和完整性，支持研究型检索、调阅即可。

稳定数据：包括人口、法人、空间及证件照等数据，鲜活而相对稳定，由于数据量庞大、变化小、利用率高，可采用集中式或分布式数据库形式，形成部门间数据共享。

暂态数据：在日常生活中产生的中间状态的数据，阶段性价值较高，与个人生活或企业运行关系紧密，例如社保缴费记录、交通违法告知等，许多数据来源于多个部门，具有数据量小、随时或定期更新、碎片化、满足刚需的特点，比较适合采用区块链技术，实现跨部门数据汇集和共享，并供当事者授权获取。

动态数据：类似气象云图、天气预报、$PM_{2.5}/PM_{10}$浓度、交通路况等数据，实时性很强，具有特定应用场景，如果进行数据大集中不仅没有意义，而且额外引入了时延，故适合采用 API/WebService 接口方式，按需授权调用。

实际上不同数据类别的界限并不是那么泾渭分明，区块链技术的应用也不仅限于暂态数据类型，例如在共性的数据共享和开放的授权管理流程中，部门和公众需求都具有多对多的复杂关系，区块链技术就可以发挥优势，为需要安全和严谨的申请、批准(拒绝)、使用、撤销操作提供智能合约、密钥分发等功能。

此外，由于区块链技术具备数据可验证性、防篡改、防伪造特性，当上链数据由权威部门进行签署后，相当于同步完成了颁发电子证照过程，如毕业文凭、职业资格证、鉴定证书、电子发票、不动产权证等，还可以实现多部门联合签署，灵活性、实用性很强。

1.5 本章小结

本章主要内容为区块链的基本概念及其原理，主要介绍了区块链的起源和发展，密码学、共识机制和智能合约的区块链相关理论，以及包括比特币、以太坊和超级账本在内的典型区块链平台和包括电子存证、产品溯源、金融服务和政务民生在内的区块链的应用。

参 考 文 献

范吉立，李晓华，聂铁铮，等，2019. 区块链系统中智能合约技术综述. 计算机科学，46(11)：1-10.

欧阳丽炜，王帅，袁勇，等，2019. 智能合约：架构及进展. 自动化学报，45(3)：445-457.

邵奇峰，金澈清，张召，等，2018. 区块链技术：架构及进展. 计算机学报，41(5)：969-988.

孙知信，张鑫，相峰，等，2021. 区块链存储可扩展性研究进展. 软件学报，32(1): 20.

王鹏，魏必，王聪，2020. 区块链技术在政务数据共享中的应用. 大数据，6(4)：10.

杨波，2017. 现代密码学. 北京：清华大学出版社.

叶欢江，2006. 论公证证明标准. 中国司法，(8)：60-64.

张焕国，韩文报，来学嘉，等，2016. 网络空间安全综述. 中国科学：信息科学，46(2)：125-164.

Androulaki E，Barger A，Bortnikov V，et al.，2008. Hyperledger fabric：a distributed operating system for permissioned blockchains//Proceedings of the Thirteenth EuroSys Conference.

Back A，1997. Hashcash. http://www.cypherspace.org/hashcash/.

Dai W. 1998. B-money. Consulted，1：412.

Lamport L，Shostak R，Pease M，1982. The Byzantine generals problem. ACM Transactions on Programming Languages and Systems，4(3)：382-401.

Larimer D，2014. Delegated proof-of-stake（dpos）. Bitshare Whitepaper，81: 85.

Massias H，Avila X S，Quisquater J J，1999. Design of a secure timestamping service with minimal trust requirement//The 20th Symposium on Information Theory in the Benelux.

Nakamoto S，2008. Bitcoin：A peer-to-peer electronic cash system. https://courses.cs.washington.edu/courses/csep552/18wi/papers/nakamoto-bitcoin.pdf.

Szabo N，1994. Smart contracts. https://www.fon.hum.uva.nl/rob/Courses/InformationInSpeech/CDROM/Literature/LOTwinterschool2006/szabo.best.vwh.net/smart.contracts.html

第二章 共识算法基础

2.1 共识算法介绍

2.1.1 共识算法的起源和发展

为了在开放性的点对点网络中达成一致，比特币采用 PoW 作为系统的共识机制。在 PoW 共识机制下，矿工通过重复的哈希运算以获取下一个区块的记账权，具备单向性的哈希函数，使得记账权只能通过消耗大量算力来获取。基于 PoW 共识机制的区块链系统往往具备良好的去中心化特性，但同时也具有计算能力浪费、交易确认效率低、性能瓶颈等缺点。为了解决 PoW 所面临的问题，一系列共识算法如 PoS、DPoS 等相继诞生。这些共识算法从不同角度着手以解决 PoW 共识机制所面临的问题，推动着区块链系统共识机制的发展。

区块链系统所要解决的共识问题并不完全是一个新事物。在分布式系统中，如何在各个节点之间达成一致一直都是分布式系统领域所研究的经典问题。Lamport 等(1982)针对存在恶意用户的拜占庭将军场景进行了描述和论证；Castro 和 Liskov(1999)提出了 PBFT (practical Byzantine fault tolerance，实用拜占庭容错)算法，使经典拜占庭算法开始进入实用阶段。PoW 等一系列新的共识算法为解决拜占庭问题提供了新的思路，一系列经典的分布式共识算法也逐渐应用到区块链系统领域。

区块链技术所具备的防篡改、去中心化等特性有助于更好地构建企业间合作，一大批企业如 IBM、摩根大通、Facebook 等也积极参与构建区块链系统。不同于比特币等所面临的开放性的点对点网络场景，企业间区块链系统面对的场景往往有着一定准入机制，即许可链场景，同时需求也往往与公有链场景有所差异，如相对较弱的去中心化属性、追求更高的吞吐量和更低的延迟等。这些新的场景和需求也推动着区块链系统发展孕育出新的共识机制。

2.1.2 共识算法的基本概念及工作原理

共识算法可以被定义为一个通过区块链网络达成共识的机制。去中心化的区块链作为一个分布式系统，并不依赖于一个中央机构，而是通过分布式节点投票来实现一致性交易。与此同时，共识算法开始发挥作用，它保证了协议规则的正常执行以及交易可以在免信任情况下发生，因此所有的数字货币都只能被消费一次。

通过巧妙的共识机制设计，保证了在全网存在一定数量的故障节点或拜占庭节点的情况下，全网所有诚实节点依然能实现正确一致的共识。

2.1.3 共识算法分类

共识算法大体可以分为两类。一类是针对于 CFT(crash fault tolerance)即不伪造信息的非拜占庭错误，代表算法是 Paxos、Raft，特点是性能好，能容忍不超过 1/2 的故障节点。另外一类是针对于 BFT(Byzantine fault tolerance)即伪造信息的拜占庭错误，特点是性能差，能容忍不超过 1/3 的故障节点。两类代表算法分别为实用拜占庭共识算法和工作量证明的共识算法。

2.2 共识算法基本定理

2.2.1 FLP 不可能定理

1985 年，Fischer、Lynch 和 Paterson 三位科学家发表了论文，提出了著名的 FLP 不可能定理。FLP 不可能定理是分布式系统领域内最重要的定理之一，它给出了一个非常重要的结论，即在网络可靠，但允许节点失效(即便只有一个)的最小化异步模型系统中，不存在一个可以解决一致性问题的确定性共识算法。

FLP 不可能定理从理论的角度告诉我们：在一个异步网络中设计始终能够达成一致的共识算法是不可能实现的。因此，后续的共识算法设计通常会在某些方面做出妥协。

通常有两种方法可以绕过 FLP 不可能定理的限制：第一种方法是假设网络通信是同步的，这就是 PBFT 所采用的方式；第二种方法是在共识中引入一些随机的因子，使它们整个变为非确定性的，如 Honey Badger BFT，这样做的优点是共识更强健，就算在非同步的网络通信下依然可以运作。

2.2.2 CAP 定理

1998 年，加州大学的计算机科学家 Eric Brewer 提出，分布式系统有三个指标：一致性(consistency)、可用性(availability)和分区容错性(partition tolerance)。如图 2.1 所示，这三个指标最多只能同时实现两点，不可能三者兼顾。这个结论就叫 CAP 定理，取自这三个指标的英文首字母 C、A、P。

一致性：在分布式环境中，一致性是指数据在多个副本之间是否能够保持一致的特性。如果对第一个节点的数据进行了更新操作并且更新成功后没有使得第二个节点上的数据得到相应的更新，于是在对第二个节点的数据进行读取操作时，获取的依然是老数据(或称为脏数据)，这就是典型的分布式数据不一致情况。在分布式系统中，如果能够做到针对一个数据项的更新操作执行成功后，所有的用户都可以读取到其最新的值，那么这样的系统就被认为具有强一致性(或严格的一致性)。

可用性：指系统提供的服务必须一直处于可用的状态，对于用户的每一个操作请求总是能够在有限的时间内返回结果。

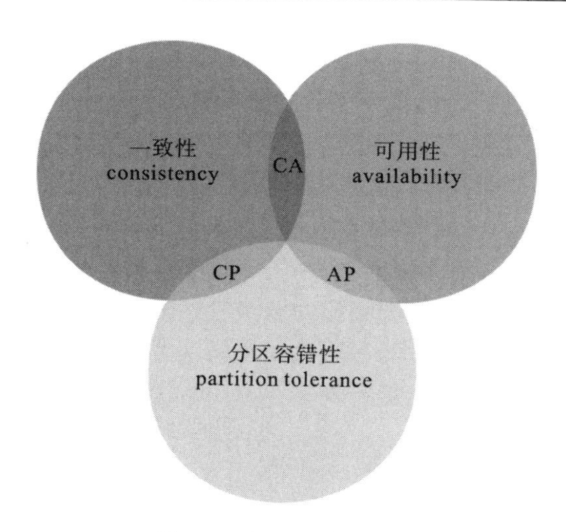

图 2.1　分布式系统指标

分区容错性：分布式系统在遇到任何网络分区故障的时候，仍然需要能够保证对外提供满足一致性和可用性的服务，除非是整个网络环境都发生了故障。

CAP 定理中我们可以看出，一个分布式系统不可能同时满足一致性、可用性和分区容错性这三个需求。另外，需要明确的一点是，对于一个分布式系统而言，分区容错性可以说是一个最基本的要求。因为既然是一个分布式系统，那么分布式系统中的组件必然需要被部署到不同的节点，因此必然出现子网络。而对于分布式系统而言，网络问题又是一个必定会出现的异常情况，因此分区容错性也就成为一个分布式系统必然需要面对和解决的问题。因此系统架构设计师往往需要在如何根据业务特点在 C(一致性)和 A(可用性)之间寻求平衡上花精力。

2.3　共识算法评价

共识算法的评价指标包括四点，即共识算法的分布式一致性、共识算法的安全性、共识算法的扩展性和共识算法的容错性，如图 2.2 所示。

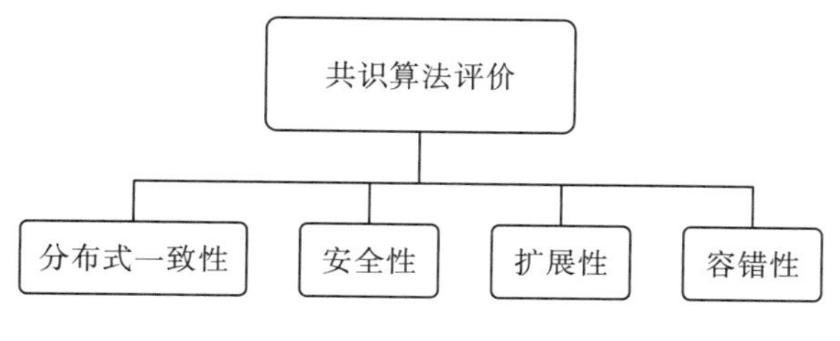

图 2.2　共识算法评价指标

2.3.1　共识算法的分布式一致性

数据一致性的概念源于数据系统中的概念，我们可以简单地把一致性理解为正确性或者完整性，那么数据一致性通常指关联数据之间的逻辑关系正确和完整。在数据库系统中通常用事务，即访问并可能更新数据库中各种数据项的一个程序执行单元，来保证数据的一致性和完整性。在分布式系统中，为了保证数据的可靠性与性能，我们不可避免地对数据进行复制与多节点存储，而数据一致性主要为了解决分布式多个存储节点情况下怎么保证逻辑上相同的副本能够返回相同数据的问题。

分布式系统的设计核心之一就是一致性的实现和妥协，我们需要选择合适的算法来保证不同节点之间的通信和数据达到无限趋向一致性。实际情况下，保证不同节点在充满不确定性网络环境下能达成相同副本的一致性是非常困难的，我们需要从分布式时钟、分布式事务与一致性算法等不同的方面进行考虑。

2.3.2 共识算法的安全性

常用的共识算法都是在特定的环境下保证其安全性。诸如实用拜占庭共识算法，需要保证拜占庭节点数量不超过总节点数量的1/3；PoW共识算法需要保证作恶节点所控制的算力不超过全网所有算力的51%。

2.3.3 共识算法的扩展性

目前主流的共识算法都具有一定的可扩展性。PoW共识算法允许节点随意地增加和减少，PBFT共识算法也允许作恶节点适当增加(只要满足小于总节点数目的1/3即可)。

2.3.4 共识算法的容错性

共识算法的容错性指共识算法对系统中发生非拜占庭错误节点的容忍值(crash fault tolerance)和发生拜占庭错误节点的容忍值(Byzantine fault tolerance)。容错性也是算法安全性的参考之一。

2.4 区块链共识算法

2.4.1 区块链共识算法基础

区块链网络的难题之一是如何高效达成共识。中心化程度低、决策权分散的社会更难达成一致。如何平衡一致性和可用性，在不影响实际使用体验的前提下还能保证相对可靠的一致性，是研究共识机制的目标。

2.4.2 主流共识算法

目前主流的共识算法包括PoW、PoS、DPoS、PBFT等，见图2.3。

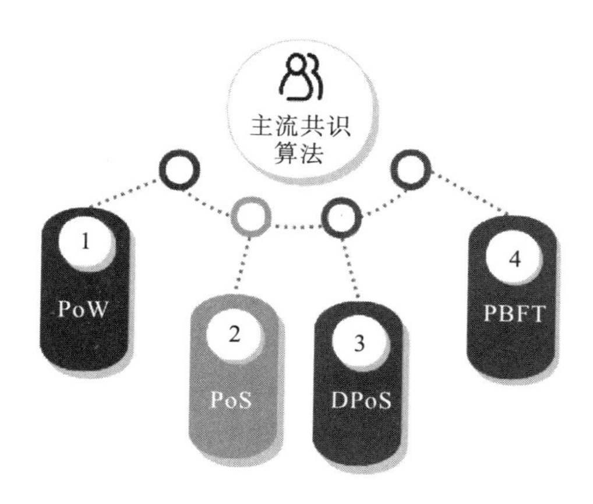

图 2.3 主流共识算法

PoW 机制是适用于比特币系统的共识机制。通过设计与引入分布式网络节点的算力竞争，保证数据一致性和共识。所有参与“挖矿”的网络节点都在遍历寻找一个随机数，保证使当前区块的区块头的双 SHA256 运算结果小于或等于某个值。一旦某个节点找到符合要求的随机数，该节点就获得当前区块的记账权，并获得一定数额的比特币作为奖励。此外，还引入动态难度值，目前求解该数学问题所花费的时间在 10 分钟左右。PoW 共识机制将比特币的发行、交易和记录联系起来，还保证了记账权的随机性，实现比特币系统的安全和去中心化。该算法的优点是易实现，节点间无需交换额外的信息即可达成共识，破坏系统需要投入极大的成本。缺点是浪费能源，区块的确认时间难以缩短。

PoS 本质上是采用权益证明来代替 PoW 的算力证明，记账权由最高权益的节点获得，而不是由最高算力的节点获得。权益代表节点对特定数量的货币的所有权，称作币龄或币天数。币龄等于货币数量乘最后一次交易时间长度。例如，在交易中某人收到 10 个币，持有 10 天，则获得 100 币龄，如果又花去 5 个币，则消耗掉 50 币龄。采用 PoS 共识机制的系统在特定时间点的币龄是有限的，长期持币者有更长的币龄，所以币龄可以视为其在系统中的权益。共识过程的难度与币龄成反比，这样累计消耗币龄最高的区块将被链接到主链。仅依靠内部币龄和权益而不再需要大量消耗外部算力和资源，PoS 解决了 PoW 消耗算力的问题。PoS 的优点是不像 PoW 那么消耗算力，缺点是拥有权益的参与者未必希望参与记账，还是需要挖矿。

DPoS 在 PoS 的基础上，将记账人的角色专业化。先以权益作为选票来选出记账人，然后记账人之间再轮流记账。所有持币者投票选出一定数量的节点。被选中的节点代理他们进行验证和记账，记账人必须保证 90%在线。该共识机制中每个节点都能够自主决定其信任的授权节点，且由这些节点轮流记账生成新的区块。优点是大幅缩小参与验证和记账节点的数量，可以达到秒级的共识验证。缺点是整个共识机制还是依赖于代币，很多商业应用是不需要代币存在的。

PBFT 是一种基于消息传递的一致性算法，算法经过三个阶段达成一致性，这些阶段可能因为失败而重复进行。在 $N \geqslant 3F+1$ 的情况下一致性是可能解决的。其中，N 为计算机总数，F 为有问题的计算机总数。信息在计算机间互相交换后，各计算机列出所有得到的信息，以大多数的结果作为解决办法。只要系统中有 2/3 的节点是正常工作的，就可以保证一致性。

2.4.3 共识算法分类

比特币的出现不仅解决了在去信任化的点对点网络中实现价值转移的问题，而且其采用的 PoW 共识算法联合经济激励机制、密码学等使得区块链跨越了分布式系统中拜占庭容错这一鸿沟，给如何在分布式场景下达成共识带来了巨大的创新和突破。区块链时代自此到来，许多新的具有拜占庭容错性质的共识算法受比特币启发而陆续产生，见图 2.4。

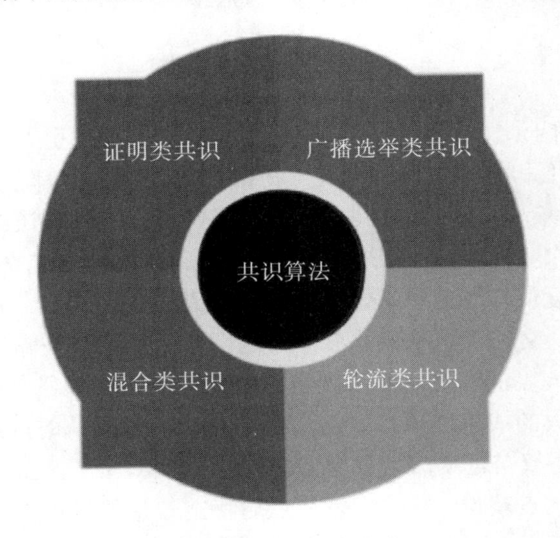

图 2.4　共识算法分类

如图 2.4 所示，根据选取区块记账权节点方式的不同，大致可以将共识算法分为以下 4 类。

(1) 证明类共识：PoX（Proof of X，X 证明）类共识算法大多运行在匿名的 P2P 网络上，去中心化高或伴有加密货币的激励机制，通过一个“证明”取得区块的记账权并获得区块奖励。

(2) 广播选举类共识：在每一轮“领导人”任期中，节点向集群中的其他服务器节点广播投票给它的请求，当一个候选节点从整个集群的服务器节点中获得了针对同一个任期号的大多数选票，那么它就赢得了此次选举并成为“领导人”。传统的一致性算法如 VR (viewstamped replication)、Paxos、Raft 等都是此类共识算法。

(3) 轮流类共识：BFT 类主节点通过视图编号以及节点数集合来确定，因为需要全网节点两两通信过程，通信量大、扩展性不好，常常应用在联盟链或者私有链上。

(4) 混合类共识：共识节点结合多种类型共识算法并取其优点来选择记账节点，优化区块链性能，如 PoW+PoS 混合共识、PoS+BFT 混合共识等。

2.5　本 章 小 结

本章主要内容为共识算法基础，介绍了共识算法的起源和发展、基本概念及工作原理和分类，阐述了包括两军问题、拜占庭将军问题、FLP 不可能定理、CAP 定理在内的共识算法的基本问题和定理，叙述了包括分布式一致性、安全性、扩展性和容错性在内的共识算法评价标准，最后概述了区块链主流的共识算法。

参 考 文 献

蔡晓晴，邓尧，张亮，等，2021. 区块链原理及其核心技术. 计算机学报，44(1)：84-131.

陆歌皓，谢莉红，李析禹，2020. 区块链共识算法对比研究. 计算机科学，47(6A)：332-339.

邵佩英，2000. 分布式数据库系统及其应用[M]. 北京：科学出版社.

申德荣，于戈，王习特，等，2013. 支持大数据管理的 NoSQL 系统研究综述. 软件学报，24(8)：18.

沈鑫，裴庆祺，刘雪峰，2016. 区块链技术综述. 网络与信息安全学报，2(11)：11-20.

袁勇，倪晓春，曾帅，等，2018. 区块链共识算法的发展现状与展望. 自动化学报，44(11)：12.

袁勇，王飞跃，2016. 区块链技术发展现状与展望. 自动化学报，42(4)：14.

Castro M，Liskov B，1999. Practical Byzantine fault tolerance. OSDI，99：173-186.

Fischer M J，Lynch N A，Paterson M S，1985. Impossibility of distributed consensus with one faulty process. Journal of the ACM (JACM)，32(2)：374-382.

Fox A，Brewer E A，1999. Harvest，yield，and scalable tolerant systems// Proceedings of the Seventh Workshop on Hot Topics in Operating Systems.

Lamport L，2001. Paxos made simple. ACM SIGACT News，32(4)：51-58.

Lamport L，Shostak R，Pease M，1982. The Byzantine generals problem. ACM Transactions on Programming Languages and Systems，4(3)：382-401.

Larimer D，2014. Delegated proof-of-stake (dpos). Bitshare Whitepaper，81: 85.

Miller A，Xia Y，Croman K，et al.，2016. The honey badger of BFT protocols// The 2016 ACM SIGSAC Conference.

Nakamoto S，2008. Bitcoin：a peer-to-peer electronic cash system. https://courses.cs.washington.edu/courses/csep552/18wi/papers/nakamoto-bitcoin.pdf.

Ongaro D，Ousterhout J，2014. In search of an understandable consensus algorithm//2014 USENIX Annual Technical Conference (Usenix ATC 14)：305-319.

第三章　分布式一致性算法

一致性问题在20世纪80年代被提出，从而衍生出一系列的一致性算法。其中共识算法中有些算法有着里程碑的意义，如Paxos、PBFT等。共识，简单理解就是参与各方关于事件达成一致。在现实生活中，有许多需要达成共识的场景。而在区块链系统中，每个节点所维护的账本必须时刻与其他大多数节点保持一致。如果存在于中心化数据库中，这一目标很容易实现，节点只需要与中心服务器同步就可以了，但显然这种方式的安全隐患大。所以在区块链系统中，一个高安全性、高可用性的共识算法是十分重要的。

在共识算法的发展历史中，Lamport(1998)提出了Paxos孤岛假设，将复杂的异步分布式环境用不同的故事进行模拟，以此方便读者理解分布式系统中的共识思想，在他的文章中，这种叙事方式十分抽象，读者很难理解。之后Lamport(2001)发表了“Paxos Made Simple”，更加清晰地阐述了Paxos的共识过程。随着分布式系统的深入研究，拜占庭问题和复制状态机等技术的提出，使得共识算法得到了进一步的发展。随后提出了multi-Paxos和PBFT共识算法。与Paxos同期的另一个共识算法——VR算法也有学者进行了研究(Oki，1988)。本章主要介绍共识算法中三个代表性算法：Paxos、PBFT和Raft算法。

3.1　Paxos　算　法

3.1.1　Paxos故事背景

Paxos小岛是一个位于爱琴海的繁荣的商业中心。繁荣的商业导致政治复杂化，岛上的居民用议会形式的政府实现民主。因为公民需要做生意谋生，岛上没有人愿意终生献身于议会，所以需要保证在议员时不时地离开议会厅的情况下，Paxos岛上的议会共识机制能够发挥作用。

由于异邦入侵，Paxos文明被毁灭。最近考古学家才开始研究它的历史。因此，关于Paxos议会的历史发现是不完整的。尽管我们知道基本的Paxos协议，但对于许多细节并不知道，这些细节十分耐人寻味。兼职议会处理的问题与当今容错分布式系统中的问题明显相关，议员对应于进程，离开议会厅对应于故障。这让我们对Paxos小岛民主问题产生了兴趣，并且开始研究岛上实现共识的解决方案。接下来会介绍一些有意思的故事来帮助理解Paxos议会机制。

1. Paxos民主议会

1)每一个议员都有一个“账本”

议会主要的任务是完善本地的法律，法律由议会通过的一系列法令组成。现代议会会雇佣秘书来记录会议内容，但在Paxos，没有人愿意在整个议会期间留在议会厅当秘书。所以在Paxos议会中，每个议员有一个“账本”，议员会在账本中按顺序记下通过的法令。

2）每一个法令都有一个独特的编号且内容不会被篡改

例如，议员Alice如果了解到议会通过的第155条法令是将橄榄税设置为每吨3德拉克马(古希腊货币单位)，则她会在账本中记录下：

155：橄榄税是每吨3德拉克马

账本用永不褪色的墨水书写，并且账本中的内容不会改变。

3）每一个账本都包含相同的法令信息

Paxos议会协议的第一个需求就是账本需要保证一致性，即：没有两个账本包含了矛盾的信息。如果Bob在账本中有以下条目：

132：灯只能使用橄榄油

那么，所有议员的账本不可以包括一个不一样的132法令条目。然而，如果存在议员不知道132法令的话，那么他的账本中可以没有132法令条目。

4）议会不会通过相同编号但内容不同的法令

可以保持账本空白来简单地实现一致性，所以只实现账本的一致性是不够的，还需保证议会能通过法令并且法令被记录在账本上。在现代议会中，议员的分歧会阻碍法令的通过，但在Paxos小岛并不会这样，这里的人相互信任。Paxos议员乐于通过任何被提出的法令。然而，他们会时不时地离开和加入议会厅。这产生了一个问题，如果一组议员通过了以下法令：

37：禁止在寺庙墙壁上画画

然后，这组议员由于要参加宴会离开了议会厅，这时另一组议员进入了议会厅，并不知道刚刚通过的法令，并且通过了冲突的法令：

37：艺术表达自由需要得到保障

则账本的法令内容就会产生冲突。

除非足够多的议员待在议会厅足够长的时间，否则，进展(有法令通过)不能被保证。因为Paxos岛上的议员不愿意缩短他们外出活动的时间，所以确保任何法令被通过是不可能的。然而，议员乐于保证，在议会厅的时候，他们以及他们的助手会及时处理所有的议会问题。这个保证使得Paxos居民可以设计一个满足下列进展条件的议会协议：如果大多数的议员待在议会厅，并且没有人进入或者离开议会厅足够长的时间，那么，议会厅里的议员提出的任何法令都会被通过，并且每个通过的法令都会被记录在议会厅里每个议员的账本中。

2. Paxos议会完善

只有给议员提供必要的资源，议会协议的需求才能被实现。每个议员会拥有一个记录法令的账本，一支钢笔，以及永不褪色的墨水。如果议员离开议会厅，可能会忘记他们在议会里做了什么，所以他们会在账本后面记下笔记来提醒自己重要的议会任务。账本中的法令永远不会改变，但是笔记可以被划掉。实现进展的条件是需要议员知道时间的流逝，所以他们会收到一个简单的滴漏计时器。

议员时刻携带他们的账本，总是能查账本上的法令以及没有被划掉的笔记。账本用最好的羊皮纸制作，只用来记下最重要的笔记。议员会在一张纸上写下其他的笔记，当他离开议会厅时，这些纸可能被丢失。

议会厅里的音响很差，不可能在里面发表演说，所以议员之间的交流只能通过信使，并且议会有足够多的经费雇佣所需的信使。信使不会混淆消息，但是可能会忘记他已经传送了一条消息，会再次传送该条消息。就像他们所服务的议员一样，信使也只能花费部分的时间在议会中。在传送一条消息之前，信使可能会离开议会厅去做生意，或许去度假，也或许会永久离开，信息将永远不能被送达。

尽管议员和信使能随时进入或者离开议会厅，但当他们在议会厅时，他们会全神贯注于议会事情。当信使在议会厅的时候，他们会及时传送消息。当议员在议会厅时，他们会对收到的消息立即响应。

Paxos 官方记录表明，议员和信使都是诚实的并严格服从议会协议。大多数的学者认为这只是一个宣传，目的是让 Paxos 在道德上比邻国优越。不诚实的行为尽管很少，但也存在。然而，因为在官方的文件中没有提及不诚实的行为，我们并不知道议会如何处理不诚实的议员或者信使。

3.1.2 Paxos 算法介绍

1. Paxos 基本协议

Paxos 是由牧师祭祀会发展而来的。该牧师祭祀会每 19 年举办一次，并且每次祭祀会都会产生一个法令。会议在过去的几百年中不间断举行，每次举行会议要求所有的牧师都在场投票，以此通过提案。但随着商业繁荣，在会议举行期间，牧师开始时不时地离开去做生意。最后，牧师祭祀会失败了，会议结束，没有产生选中的法令。为了防止这种悲剧重演，Paxos 的宗教领导者要求数学家重新制定一个协议来选择一个法令。

数学家从几个步骤开始，策划出单法令议会协议。首先，他们证实了一个结论，结论表明：满足特定约束的协议将会保证一致性以及进展需求。一个初步的协议直接从这些约束中产生。在初步协议上加一些限制，随后产生了基本协议，基本协议只保证一致性，不满足进展需求。完整的会议协议满足一致性以及进展需求，通常在基本协议的基础上产生。

在初步协议中，牧师必须要记录他初始化的投票编号、他投的每个选票、已经发送的每个最新投票信息 LastVote。其包括以下 6 个步骤。

(1) 牧师 p 选择一个新的投票编号 ba，然后发送一个 NextBallot(ba) 信息给集合中所有的牧师。

(2) 牧师 q 发送 LastVote(ba，v) 给 p，回复 NextBallot(ba)。如果 p 参与过编号小于 ba 的投票，v 等于 p 的最大投票编号。如果 q 没有参加任何小于 ba 的投票，则 v 记为空票 null_q。

(3) p 收到 LastVote(ba，v) 后，根据来自每位牧师的信息，构建提议法令模型：大多数投票集 Q，投票编号 ba，法令 d。然后他把投票记录在他的账本中，并发送一个

BeginBallot(ba，d)信息给 Q 中的每个牧师。

(4)Q 中的牧师收到 BeginBallot(ba，d)消息后，牧师 q 决定是否对 ba 号投票。如果 q 决定投票，然后他发送 Voted(ba，q)消息给 p 并在他的账本中记录这次投票。

(5)如果 p 已收到 Q 中牧师 q 发送的 Voted(ba，q)消息，则他在他的账本中写下 d(该投票的法令)并发送 success(d)信息给每个牧师。

(6)收到 success(d)消息，每位牧师把该法令记录到账本中。

对于忙碌的牧师来说，追踪所有的历史消息是很困难的。因此 Paxos 居民通过限制初步协议得到了更具有实际意义的基本协议，在基本协议中，牧师 p 只需在他的账本的背面记录下列信息：

lastTried[p]：p 尝试发起的最后一次的编号；如果没有，为负无穷。

prevVote[p]：p 在他所投的最大编号的投票中，投出的选票；如果没有投过票，为负无穷。

nextBal[p]：p 发送的 LastVote(ba，v)信息中最大的 ba；如果他还没有发送 LastVote 信息，则为负无穷。

初步协议的步骤描述了牧师 p 如何发起一次投票。初步协议允许 p 并发执行任意数量的投票。在基本协议中，p 一次只能执行一次投票——投票编号为 lastTried[p]。在 p 初始化这次投票之后，他会忽视之前初始化的投票的有关信息。牧师 p 将所有有关投票编号为 lastTried[p]的投票的进展信息写在一张纸上。如果这张纸丢了，他将停止执行这次投票。

在初步协议中，牧师 q 发送 LastVote(ba，v)信息表示他的承诺：不在投票编号为 v 和 ba 之间的投票中进行投票。在基本协议中，它表示一个更强的承诺——不在投票编号小于 ba 的投票中进行投票。这个更强的约束使他不能在基本协议的第(4)步进行投票，但是在初步协议中是可以投票的。然而，既然初步协议总是给 p 不进行投票的自由，那么基本协议不需要 p 做任何初步协议不允许的事。

初步协议的步骤(1)～(6)变成了如下所示的基本协议的步骤(1)～(6)(p 进行一次投票所需的所有信息，除了 lastTried[p]、prevVote[p]和 nextBal[p]，都记在一张纸上)：

(1)牧师 p 选择一个比 lastTried[p]大的新的投票编号 ba，将 lastTried[p]设置为 ba，并且给某个牧师集合发送 NextBallot(ba)消息。

(2)牧师 q 从 p 处收到 NextBallot(ba)消息并且 ba>nextBal[q]时，q 将 nextBal[q]设置为 ba，并且给 p 发送 LastVote(ba，v)消息，v 等于 prevVote[q]。如果 ba≤nextBal[q]，那么就忽略 NextBallot(ba)消息。

(3)在从某个大多数集合 Q 中的每个牧师那儿都收到 LastVote(ba,v) (ba=lastTried[p])消息之后，牧师 p 初始化一次新投票，投票编号为 ba，法定人数为 Q，法令为 d。p 给 Q 中所有牧师接着发送 BeginBallot(ba，d)消息。

(4)牧师 q 收到 BeginBallot(ba，d)消息并且 ba=nextBal[q]，q 在投票编号为 ba 的投票中投出选票，将 prevVote[q]设置为此选票，并且给 p 发送一个 Voted(ba，q)消息。如果 ba=nextBal[q]，那么就忽略 BeginBallot(ba，d)消息。

(5)如果 p 从 Q 中的牧师 q 那儿收到了 Voted(ba，q)消息，并且 ba=lastTried[p]，那么 p 将 d 写入账本中并给每个牧师发送 success(d)消息。

(6)在收到 success(d)消息之后，牧师在账本中记下法令 d。

2. Paxos 超时机制

完整的会议协议和基本协议一样包括进行一次投票的 6 个步骤。为了尽快实现进展，完整的协议包括明显的附加要求——牧师尽快执行协议的步骤(2)～(6)。然而，为了满足进展需求，必须要有某个牧师执行步骤(1)，发起一次投票。完整的会议协议关键在于牧师发起一次投票的时机确定。

不发起投票当然会妨碍进展。然而，发起太多投票也会妨碍进展。如果 ba 比任何其他的投票编号都大，那么在步骤(2)中牧师 q 接收 NextBallot(ba)消息会引出一个承诺，阻止他在步骤(4)中为之前发起的投票进行投票。因此，新投票的初始化可能会阻止之前发起的投票。如果在之前的投票有机会成功之前，用不断增加的投票编号持续发起新投票，投票进程将陷入死循环。

实现进展需要新投票被初始化直到有一次投票成功，但是新投票不要经常被初始化。为了发展完整的协议，Paxos 居民首先得知道信使传送消息到牧师进行响应所需的时间。他们发现不离开会议厅的信使总能在 4 分钟之内传达一个消息，会议厅的牧师总能在收到消息的 7 分钟之内进行响应。因此，如果 p 发送一个消息给 q，q 发送响应给 p 时，p 和 q 都在会议厅内，那么在没有信使离开会议厅的情况下，p 将在 22 分钟内收到这个响应(牧师 p 在 7 分钟之内发送信息，q 在 4 分钟之内收到信息，在 7 分钟之内做出响应，响应将在 4 分钟之内到达 p 处)。

假定只有单个牧师 p 正在发起投票，并且他通过在协议的步骤(1)给每个牧师发送消息来发起投票。如果 p 在大多数牧师都在会议厅的时候发起投票，那么他可以在发起投票的 22 分钟之内开始执行步骤(3)，在另外 22 分钟之内执行步骤(5)。如果他不能在这些时间内执行这些步骤，那么在 p 发起投票之后，可能有牧师或信使离开会议厅，或者另一个牧师之前已经发起了一个更大编号的投票(在 p 成为发起投票的唯一牧师之前)。为了处理后一个可能性，p 必须知道其他牧师使用的比 lastTried[p]更大的投票编号，这一点可以通过扩展协议来实现，要求如果牧师 q 从 p 处收到了 NextBallot(ba)消息或者 BeginBallot(ba, d)消息，并且 ba<nextBal[q]，那么他会给 p 发送一个包括 nextBal[q]的消息。牧师 p 将用一个更大的投票编号来初始化一次新的投票。

依然假定只有单个牧师 p 正在发起投票，假定他需要发起一次新投票且 p 在之前的 22 分钟之内没有成功执行步骤(3)或步骤(5)，或者他知道另一个牧师已经初始化一个更大编号的投票。如果 p 锁了会议厅的门并且大多数牧师在里面，那么一个法令将会在 99 分钟之内被通过并且记录在会议厅所有牧师的账本上(可能是 p 用 22 分钟的时间开始下一次投票，又一个 22 分钟的时间内发现另一个牧师已经发起了一个更大编号的投票，然后用 55 分钟的时间来完成步骤(1)～(6)，投票成功)。因此，如果只有单个不离开会议厅的牧师在发起投票，进程条件将会被满足。

3. Paxos 总统选举

完整的协议包括一个程序来选择单个牧师(被称为总统)发起投票。在大多数政府中，选择一个总统是个很困难的问题。然而，由于大多数政府要求任何时候都只有一位总统，这才是困难的原因所在。例如，在美国，如果某些人认为布什当选总统，而另一些人认为杜卡基斯当选总统，就会产生分歧。因为他们其中一个或许会决定将一个提案写进法律而另一个决定否决该提案。然而，在 Paxos 的会议中，有多个总统或许只会阻碍进展，不会造成不一致性。对于满足进展条件的完整的协议，选择总统的方法只需满足下列条件：如果没有人进入或离开议会厅，那么在 T 分钟之后，议会中只有一个牧师认为他自己是总统。

如果满足总统选择要求，那么完整的协议将会有属性——如果大多数的牧师在会议厅并且 T+99 分钟内没有人进入或者离开会议厅，那么 T+99 分钟之后，会议厅中的每个牧师的账本上都会有一个法令。

Paxos 居民将会议厅中所有牧师的姓名按字典序进行排序，谁的姓名在最后，谁就被选为总统。如果会议厅中的牧师至少每 T−11 分钟给其他每个牧师发送一次包含他姓名的消息，总统选择条件将会被满足，并且，当且仅当牧师 T 分钟内没有收到来自“更高姓名”的牧师的消息时，他将会认为自己是总统。

完整的会议协议是从基本协议中得来的，并要求牧师及时执行步骤(2)～(6)，加入选择总统(总统负责发起投票)的方法，并且要求总统在适当的时候(T 分钟后)发起投票。协议的许多细节还不知道，已经描述过选择总统的简单方法以及决定什么时候总统应该发起一次新投票的简单方法，但明显不是 Paxos 居民使用的方法。所列的方法需要总统在已经选好法令之后，依然发起投票，以此来确保刚刚进入会议厅的牧师知道选中的法令。很明显，有更好的方法使牧师知道已经选中的法令。同样地，在选择总统的过程中，每个牧师也可以发送 lastTried[p]的值给其他牧师，使得总统在第一次发起投票时，选择一个足够大的投票编号。

Paxos 居民意识到任何实现进展条件的协议一定要包括测量时间的流逝。上述给出的选择总统以及发起投票的协议可以通过设置计时器，以及当超时发生时做出相应的行为(假定计时器完美准确)来实现，这个过程很容易被制定为精确的算法。更进一步的分析显示，这样的协议可以在计时器精度有界的情况下起作用。Paxos 熟练的技工可以构建合适的沙漏计时器。

在 Paxos 数学家的深思熟虑下，大家相信，他们一定找出了满足总统选择条件的最佳算法。我们只能希望这个算法在对 Paxos 小岛的进一步研究中被发现。

3.1.3　Paxos 一致性三大法则

1. Paxos 三大法则

(1)每次投票的编号是独一无二的，互不相同。

(2)任何两次投票的法定人数中至少有一位牧师参与过这两次投票。

(3)对于集合中的每个投票 B，如果 B 的投票集合中有一名牧师在之前的提议中投过票，则 B 的法令内容必须等于这些牧师投过票的法令中最近选票的法令内容。

图 3.1 可帮助读者更好地理解 Paxos 三大法则。图中的集合共有 5 个牧师，每次投票会从集合中选择一个子集作为投票集合。投票集合中的牧师的名字会放入箱子中。图片中

左边是投票编号，第二列是投票内容，带方框的名字说明该牧师同意这个提议。根据 Paxos 三大法则，对这五次投票进行分析。

2 号：2 号提议是最早的投票，所以这个提议为真。

5 号：因为在 5 号提议的投票集合中，没有成员在之前的投票中投过票，所以 5 号提议也为真。

14 号：14 号提议的投票集合中，只有一个成员 Δ 在 2 号投票中投过票，所以根据第三个法则，14 号的法令内容必须与 2 号投票的法令内容一致。

27 号(成功的投票)：27 号投票集合共有三人。牧师 A 在之前的投票中没有投过票，Γ 在 5 号提议中投过票，牧师 Δ 在 2 号提议中投过票。所以根据第三个条件，27 号提议的法令内容必须与 5 号提议的法令内容一致。而且投票集合中的所有牧师都同意了这个提议，所以 27 号提议通过。

29 号：29 号提议的投票集合共有三人。牧师 B 在 14 号提议中投过票，牧师 Γ 和牧师 Δ 在 27 号提议中投过票。因为 29 号法令内容要与最近的一次提议的法令内容一致，所以 29 号提议的法令内容要与 27 号法令内容一致。

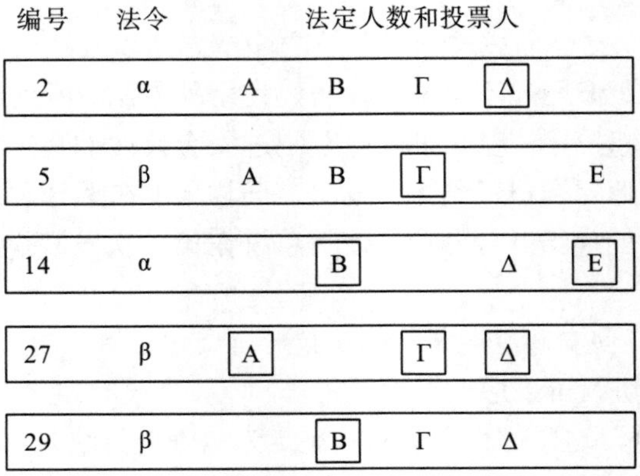

编号	法令	法定人数和投票人				
2	α	A	B	Γ	Δ	
5	β	A	B	Γ		E
14	α		B		Δ	E
27	β	A		Γ	Δ	
29	β		B	Γ	Δ	

图 3.1　Paxos 投票演示图

这三大法则保证了：不同的提议有着不同的编号，不会出现相同的编号却有着冲突的法令内容的情况；每次提议的投票成员与之前的提议投票成员会有重叠，除非该投票是最早的投票；法则(2)、法则(3)条件的结合保证了法令内容的一致性，即如果一个提议 a 在某一个编号 ba 下通过，那么所有大于 ba 的投票编号的提议的法令内容都是 a，保证了牧师的分类账的一致性。这个投票机制不会产生死锁：该方案不会在两个提议之间陷入死循环，导致没有一个提议获得大多数投票。

2. Paxos 模型

假设一个集合能提议一个提出值，共识算法就是要保证在这些被提出的值中只有一个被选中。如果没有提出任何值，那就应该没有被选中。如果有一个值被选中，其他的节点应该能够学习这个所选的值。为了满足安全性要求，有以下 3 个条件。

(1) 只有被提出的值才可能被选中；

(2) 只有一个值被选中；

(3) 除非一个值被选中，否则进程无法知道已经被选中的值。

Paxos 算法有三种角色：提案者、接受者、学习者。在具体实现中，一个节点可能担任多种角色，角色通过发送消息与其他角色交流。我们使用普通的异步非拜占庭模式，在此模式里：角色以任意速度运行，可能失败停止，也可能重启。因为所有角色都有可能在一个值被选中之后失败然后重启，除非这些信息被失败并重启的角色记录下来，否则这个问题是无法解决的。

信息能以任意长度被传递、复制、丢失，但是不能被篡改。提案者向一个接受者集合发送提案值，一个接受者可能会接受这个值，当足够多接受者接受这个值时，这个值就被选定了。为了确保只有一个值被选中，我们选择大多数接受者(超过 50%的接受者) 构成这个接受者集合。任意两个大多数集合至少有一个接受者是公共的，而接受者最多只能接受一个值。在没有故障或者消息丢失的情况下，当只有一个提案者提出一个值时，我们希望这个值被选中，这就需要满足一些要求。

P1. 接受者必须同意它接收到的第一个提案。

如果几个不同的提案者同时提出几个提案值，可能出现这种情况：每个接受者都接受了提案值，但是没有一个提案被大多数接受者同意。大多数接受者都同意一个值，那么该值才能被选中。我们为每个提案标记号码，以追踪接受者接收过的提案。提案由一个提案号和提案值构成。为防止混淆，要求每个提案都有不同的提案号。当提案者提出的值被大多数接受者同意后，这个值就被选定了。此时这个提案(也就是它的值) 被选中。我们允许多个提案被选中，但是必须保证所有被选中的提案有相同的值，这可通过对提案编号的归纳实现。

P2. 对任意 n 和 v，如果一个提案号为 n、提案值为 v 的提案被提交，那么包含了大多数接受者的集合 S，要么 S 中的接受者没有接收到比 n 小提案，要么 S 接收的所有比 n 小的提案中提案号最大的提案值为 v。

我们先假设有提案号为 m、提案值为 v 的提案被选中。然后展示其余任何 $n>m$ 的提案值也是 v，为了使证明更简单，我们直接使用 n，即要在其余发起的提案号为 $m, \cdots, n-1$ 的值也为 v 的前提下证明提案号为 n 的提案值也是 v。此处 $m, \cdots, n-1$ 表示从 m 到 $n-1$ 的一系列编号。提案 m 被选中，那么就意味着由大多数接受者构成的集合 C 中每一个接受者都接受了一个提案。把这个和之前的假设结合起来，假设 m 被选中，即集合 C 中每一个接受者接受提案编号为 $m, \cdots, n-1$ 的提案，其值也是 v。

任何由大多数接受者构成的集合 S，都至少包含 C 中的一个成员。如果一个提案已经或者将被大多数接受者接受，提案号为 n 的提案想要提交就必须学习比 n 小的最大提案号对应的提案值。提案者要求接受者不接受任何比 n 小的提案。以下是发起提案的算法。

(1) 提案者选择一个新的提案编号并且发送请求给接受者集合中的每一个接受者，等待其回应：①承诺不再接受比 n 小的提案；②如果存在，返回已经接受过比 n 小的最大提案。把这样的请求称为编号为 n 的准备请求。

(2) 如果提案者接受了大多数接受者的响应，然后发起一个提案号为 n、提案值为 v 的提案。v 是响应中最大提案号的提案值，或者如果接受者没有回应任何提案，那么 v 就是提案者自己确定的值。提案者发起提案，并发送给接受者集合回应这个提案已经被接受(这些接受者集合不需要与最初的接受者集合一致)。我们称这个过程为接受请求。

以上是关于提案者的算法，那么接受者算法呢？它能接受提案者发起的两种请求：准备请求和接受请求。我们只需要说明当允许它响应请求时，它能响应准备请求和接受请求，当它承诺接受提案时，它能接受提案。换句话说：如果它还没响应过比 n 更大的准备请求，接受者能接受提案号为 n 的提案。

现在已经有了能满足所需的安全性要求且假定唯一的提案号的完整算法，通过一些小的优化来得到最后的算法。

假设一个接受者收到编号为 n 的准备请求，但是它已经响应了其他编号大于 n 的准备请求，因此依据承诺它不能接受编号为 n 的请求。因此，接受者没有理由对新的准备请求作出答复，因为它将不接受提案者发出的编号为 n 的提案。所以我们让接受者忽略这样的准备请求，也同样让它忽略它已经接受的提案的准备请求。

有了这样的优化，接受者只需要记住它已经接受的最大编号的提案和它响应的最大编号的准备请求的编号。P2 要求不论任何形式的失败，接受者都必须记住这些信息，即使它失败了然后重启。只要它不尝试以相同的提案号发起一个提案，提案者可以放弃任何一个提案并且忘记与之相关的一切。把提案者和接受者放在一起，该算法就能分为以下两个阶段、四个步骤。

阶段 1：

(1) 提案者选择一个提案号 n，发送一个提案号为 n 的准备请求给大多数接受者。

(2) 如果一个接受者收到的编号为 n 的准备请求优于它已经响应过的任何准备请求，那它就回应该请求，承诺不再接受任何编号小于 n 的提案，并回复它已经接受的提案。

阶段 2：

(3) 如果提案者收到大多数接受者关于编号为 n 的接受请求的回应，它就给这些接受者发送一个编号为 n、值为 v 的接受请求，v 是收到的回应中编号最大的提案值，或者如果没有回应提案，那 v 可以是任意值。

(4) 接受者收到提案号为 n 的接受请求，它接受该提案，除非它已经响应了比 n 更大的准备请求。

提案者可以发起多个提案，只要每个提案都符合以上算法。它可以在协议的任何时候放弃提案。当提案者开始尝试发起编号更大的提案时，放弃一个提案是明智的。因此一个接受者忽略准备请求或者接受请求，是因为它已经接受了更大编号的准备请求，然后它会通知提案者放弃自己的提案。

3.2 Raft 算 法

3.2.1 Raft 背景介绍

多台机器作为一个集群协同工作，并且在其中的某几台机器出故障时，在共识算法的作用下集群仍然能正常工作。共识算法在建立可靠的大规模软件系统方面发挥了关键作用。在过去，Paxos 是许多共识算法研究的模板。大多数共识算法的实现都是基于 Paxos 或受其影响。但 Paxos 实在是太难以理解，尽管许多人一直在努力尝试使其更加易懂。其架构需要复杂的改变才能得以实现。研究者在 Paxos 算法的实现上苦苦挣扎，于是 Ongaro 和 Ousterhout(2014)开始着手寻找一个新的共识算法，以为系统开发和教学提供更好的基础。这个方法是不寻常的，主要目标是可理解性：在该算法的设计过程中，重要的不仅是如何让该算法起作用，还要清晰地知道该算法为什么会起作用。因此，一个被称为 Raft 的共识算法出现了。

Raft 是用来管理复制日志(replicated log)的共识协议。它的组织结构跟 Paxos 不同，这使得 Raft 比 Paxos 更容易理解并且更容易在工程实践中实现。Raft 在许多方面类似于现有的共识算法(尤其是 VR 算法)，它有以下几个新特性。

(1)强大的领导能力：在 Raft 中，日志条目(log entries)只从主节点流向其他服务器。这简化了复制日志的管理。

(2)主节点选举：Raft 使用随机计时器进行总统(leader)选举。这只需在任何共识算法都需要的“心跳”(heartbeats)上增加少量机制，同时能够简单快速地解决冲突。

(3)成员变更：Raft 使用了一种新的联合共识方法，其中两个不同配置的大多数在过渡期间有成员的重叠。这允许集群在配置更改期间继续正常运行。

3.2.2 复制状态机

复制状态机主要通过复制服务器，并协调客户端和这些服务器镜像间的交互达到目标。复制状态机在分布式领域是一个常用且重要的技术，用于解决分布式系统中的各种容错问题。在这种方法中，一组服务器上的状态机计算相同状态下的相同副本，即使某些服务器宕机，系统也可以继续运行，这样可以避免单一节点失效而导致整个系统崩溃，从而提高系统容错性。状态机的定义如表 3.1 所示。

表 3.1 状态机

状态集合	States
输入集合	Inputs
输出集合	Outputs
迁移函数	Inputs×States→States
输出函数	Inputs×States→Outputs
开始状态	Start

状态机在初始时为 Start 状态，当有外部输入时，调用状态机的迁移函数和输出函数得到一个新的状态和输出。输入停止后，状态机会保持稳定，直到有新的输入进入。状态机的输出结果是确定的。一组服务器上的状态机初始阶段都是 Start 状态，以相同的状态等待新的输入。多个状态机会以相同的顺序接收相同的外部输入，调用函数产生相同的输出，见图 3.2。

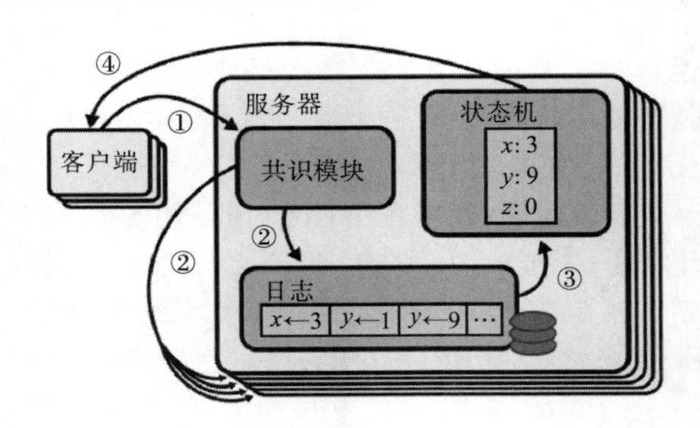

图 3.2 复制状态机示意图

通常使用复制状态机实现日志复制，如图 3.2 所示。每个服务器存储一个包含一系列命令的日志，其状态机按顺序执行日志中的命令。每个日志中命令都相同并且顺序也一样，因此每个状态机处理相同的命令序列。这样就能得到相同的状态和相同的输出序列。

但是在分布式系统中事件发生的顺序该怎样排列？如何保证复制状态机输入的顺序呢？是按照什么样的时间标准来排序呢？这就需要理解在分布式系统中关于时刻、时钟和时间顺序的定义和概念。

在这个问题上，Leslie Lamport 发表了文章“Time，Clocks，and the Ordering of Events in a Distributed System”，在这篇文章中，他介绍了在分布式系统中如何确定“一个事件是发生在另一个事件之前”的概念并且给出了事件的偏序关系。

1. 偏序关系

如果一个事件 a 发生的时间早于事件 b，我们一般认为事件 a 是先于事件 b 更早发生的。学者是通过物理理论来证明事件顺序的，所以如果想要判断系统中事件的顺序，那就必须要根据系统中可观察的时间对该事件时间进行规范。假设系统中的时间是按照物理世界的时钟进行规范的，那么系统中必须要包含一个真实存在的时钟。问题看似已经解决了，通过物理世界的时钟对系统中的事件时间进行规范，从而判断事件的发生顺序，但是谁又能保证物理世界的时钟不会出现偏差呢？所以依靠物理时钟来判断事件先后顺序不是完全可靠的。

但是我们可以考虑一种情况，如果一组事件是单线程发生，换言之在这个系统中只有一个时间轴，各个事件之间不能同时进行，一个事件进程开始的时候，另一个事件的进程一定已经结束。这样不妨将定义拓展，从广义的角度思考事件的顺序。我们假设发送和接收一条信息是一个进程中的事件。我们将“事件 a 发生于事件 b 之前”的关系定义为 a→b，→表示“发生顺序从前到后”。定义一个事件发生于另一个事件之前需要满足三个条件：

(1) 如果事件 a、b 发生在同一个进程中且 a 发生于 b 之前，那么 a→b。

(2) 如果事件 a 是发送一个消息的事件，而且事件 b 是接收这条消息的事件，那么 a→b。

(3) 假如 a→b 成立，且 b→c 成立，那么 a→c 成立。如果两个事件 a、b 不满足 a→b 或者 b→a，那么认为 a、b 两个事件是并发的。

我们假设 a→a 是不成立的(一个事件发生于自己之前显得没有什么意义)，那么→是不具备自反性的偏序关系。在这三个条件中，若事件 a 与事件 b 不存在于同一个进程中或 a、b 之间不存在消息发送接收关系的话，不能判断事件 a 先于事件 b，那么可以认为事件 a 与事件 b 是同时发生的。

通过图 3.3 可以对这三个条件有更好的理解。水平方向表示空间，垂直方向表示时间。此图中可以看到该空间中共有三个进程，同一进程的事件在一个纵轴上显示，同一个纵轴上，事件发生的“时间”越晚，事件在轴上排列的位置就会越高(例如在进程 P 中，最新发生的事件被排在了纵轴的最上方，那么四个事件的发生顺序为：$p_1 \to p_2 \to p_3 \to p_4$)。图中的箭头表示消息的流向，例如“$p_1 \to q_2$”表示消息是从 p_1 发送到 q_2，根据判断条件中的第二条可以判断 p_1 是先于 q_2 发生的。那么将进程线和消息线结合起来可以判断 $p_1 \to r_4$ ($p_1 \to q_2 \to q_4 \to r_3 \to r_4$)。顺序判断的标准是按照事件发生的因果顺序排列，如果两个事件没有前后因果关系的话，那么认为两个事件是并行的，尽管在图中它们之间的垂直高度是不同的。

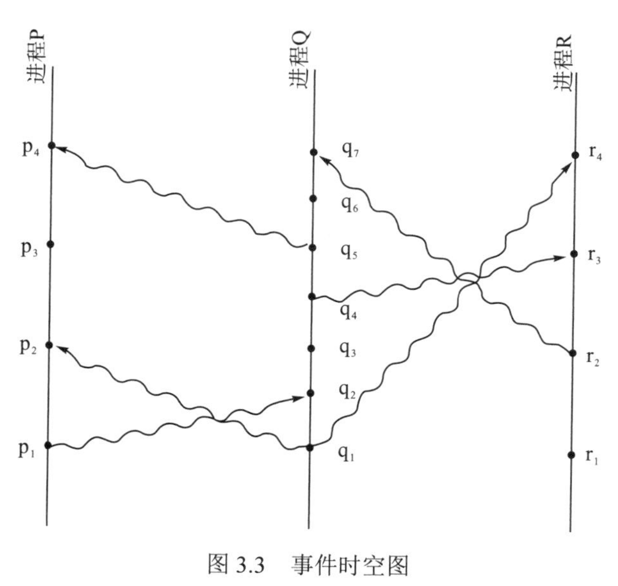

图 3.3 事件时空图

2. 时间

在复制状态机中引入共识算法的目的是保证各个复制状态机最终复制的日志一致。服务器的共识模块接收来自客户端的命令，并且将它们添加到日志中。它与其他服务器的共识模块互相通信，由此来确保每个日志中的信息一致。即使一些服务器会宕机，但最终其中包含的请求会以相同的顺序排列。一旦命令被正确地复制，每个服务器的状态机会议日志顺序执行这些命令，最终的输出返回给客户端，因此，服务器集群好像形成一个单一的、高可靠性的状态机。实际系统中的共识算法通常具有以下特征。

(1) 它们确保在所有非拜占庭条件下的安全性(即便在网络延迟、分区和数据包丢失的情况下，系统也不会返回错误的结果)。

(2) 只要大多数服务器都可以运行(正常运作的服务器数量占总数的 50%以上)，正常运行的服务器之间可以互相通信，同时可以与客户端通信，满足这些条件，共识算法就可以应用于该系统。例如，有 5 台服务器的服务器集群可以容忍任何两台服务器的故障，假设某些服务器突然宕机，它们可以重新恢复为可稳定存储的状态并重新加入集群。

(3) 它们不依赖于时序来确保日志的共识：错误的时钟信息和信息极端延迟的情况下也能保证整个系统的可用性，不会破坏共识。

在通常情况下，只要集群的大多数服务器已经响应了 RPC (remote procedure call，远程过程调用)，命令就可以完成。少数未完成的服务器不会影响整个系统性能。系统中的 RPC 主要有两种：RequestVoteRPC、AppendEntriesRPC。

3.2.3 Raft 算法过程

一个 Raft 集群包含若干个节点，通常是 5 个，根据大多数原理，这样的系统最多可以允许 2 个节点同时失效。服务器中的每个节点只有 3 种角色状态 (图 3.4)：leader、follower 和 candidate (领导人、追随者和候选人)。在一般情况下，集群只有一个 leader，其他所有节点都是 follower。第一种状态 leader，会处理所有客户端的请求。第二种状态 follower，只能被动地接收信息，不能主动发送请求信息，它只能简单响应来自 leader 或 candidate 的请求。第三种状态 candidate，在选举期间用来选举新的 leader。Rafa 节点状态数据结构如表 3.2 所示。

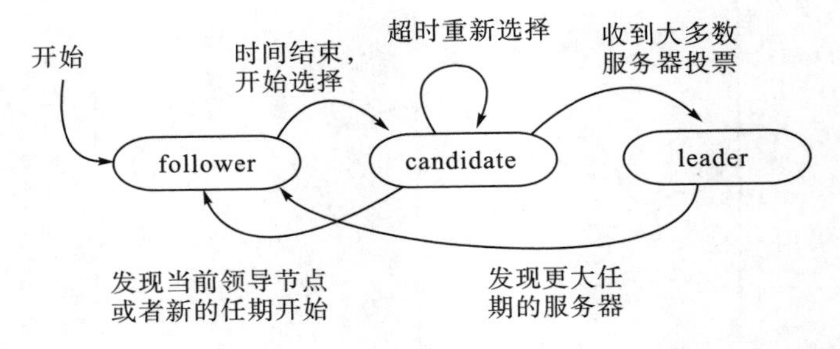

图 3.4 follower、leader、candidate 状态切换图

表 3.2 Raft 节点状态数据结构

Raft 节点状态数据结构

Class Nodes{
Int currentTerm；//当前任期数
String VoteFor；//当前任期内节点投票目标
String[] log；//日志项，包含状态机命令
Int commitIndex；//已提交的最高日志编号
Int lastApplied；// 已应用的最高日志编号
Int[] nextIndex；//leader 下次对其发送的日志编号
Int[] matchIndex；//已经复制的最高日志编号
String Status；//节点当前身份状态
String RunningState；//节点运行状态
}

图 3.4 中标记了状态切换的 6 种路径：

(1) 开始：起始状态，节点刚启动的时候自动进入的是 follower 状态。

(2)时间结束，开始选择：follower 在启动之后，将开启一个选举超时的定时器，当这个定时器到期时，将切换到 candidate 状态发起选举。

(3)超时重新选择：进入 candidate 状态之后就开始进行选举，但是如果在下一次选举超时到来之前都还没有选出一个新的 leader，那么还会保持在 candidate 状态重新开始一次新的选举。

(4)收到大多数服务器投票：当 candidate 状态的节点收到了超过半数的节点选票时，那么将切换状态成为新的 leader。

(5)发现当前领导节点或者新的任期开始：candidate 状态的节点，如果收到了来自 leader 的消息，或者更高任期号的消息，都表示已经有 leader 了，将切换到 follower 状态。

(6)发现更大任期的服务器：leader 状态下如果收到来自更高任期号的消息，将切换到 follower 状态。

时间可以被分割成任意长度的时间间隔，这个时间间隔称为任期(term)，如图 3.5 所示。任期用连续的整数标记。选举会在新一个任期开始时开始，一个或者多个 candidate 尝试成为 leader。如果其中一个 candidate 赢得选举，然后他就在新任期剩下的时间里充当 leader。在某些情况下，一次选举无法选出 leader。在这种情况下，这一任期会以没有 leader 的结果结束。那么一个新的任期(包含一次新的选举)会很快重新开始。Raft 算法保证了在任意一个任期内，最多只有一个 leader。

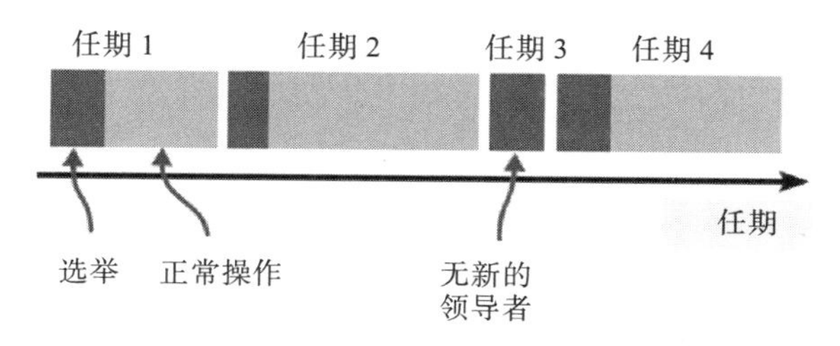

图 3.5　Raft 任期

1. Leader 选举

Raft 使用了一种心跳机制(heartbeat-mechanism)来触发 leader 选举。当服务器启动时，服务器的初始状态是 follower。如果一个服务器节点接收到来自 leader 或 candidate 有效的 RPC(remote procedure call，远程过程调用，一般带有空数据的 AppendEntriesRPC)，数据结构如表 3.3 所示。这样节点将会维持原有的 follower 状态。如果一个 follower 过了一段时间没有接收到任何消息，那么它就会假设这里没有可用的 leader 并且启动选举环节来选出一个新的 leader。leader 会周期性地向所有的 follower 发送 RPC，以免 follower 误判 leader 节点失效并且开启新的一轮选举。

表 3.3　AppendEntriesRPC 数据结构

AppendEntriesRPC

Class AppendEntriesRPC{
  int term；//leader 的任期数
  int leaderID；//leader ID

续表

AppendEntriesRPC
int prevLogIndex；// 新日志项的前一个日志编号 int prevLogTerm；// 新日志项的前一个日志任期编号 String Entries[]；//日志条目 int leaderCommit；//leader 的提交编号 }

选举开始时，首先 follower 在当前任期数的基础上加一，同时将自身的状态从 follower 切换到 candidate。投票给自己的同时向集群中的其他节点发送 RequestVoteRPC，如表 3.4 所示(其他节点也给自己投票)。candidate 会一直保持当前状态直到发生以下三种情况：

(1)自身赢得了选举；

(2)集群中的其他节点赢得了选举；

(3)在选举期间，没有任何一个 candidate 最终赢得选举。

表 3.4 RequestVoteRPC 数据结构

RequestVoteRPC

Class RequestVoteRPC{
int term；//candidate 的任期数
int candidateID；/candidate ID
int lastLogIndex；// candidate 最新日志项
int lastLogTerm；// candidate 最新日志项的任期
}

如果一个 candidate 获得了集群中大多数节点的投票，它就赢得了这次选举并成为 leader。对于同一个任期，按照先进先服务(first-come-first-served)的原则，每个服务器节点只会给一个 candidate 投票。大多数投票的规则确保了最多只有一个 candidate 赢得此次选举。一旦 candidate 赢得选举，就立即成为 leader。然后它会向其他的服务器节点发送心跳消息来确定自己的地位并阻止新的选举。

2. 日志复制

一个 candidate 成功当选为 leader 后，就开始响应客户端请求为其提供服务。客户端的每一个请求都包含一条可以被复制状态机执行的指令。leader 把该指令作为一个新的条目(entry)追加到日志中去，然后并行地发起 AppendEntriesRPC 给其他的服务器，让它们复制该条目。该条目被安全地复制后，leader 会把该条目应用到它的状态机中(状态机执行该指令)，然后把执行的结果返回给客户端。如果 follower 出现崩溃、运行缓慢或网络丢包的情况，leader 会不断地重新发起 AppendEntriesRPC，直到所有的 follower 最终都存储了所有的日志条目。

日志以图 3.6 展示的方式组织。每个日志条目存储一条状态机指令和 leader 收到该指令时的任期号。任期号用来检测多个日志副本之间的不一致情况，同时也用来保证图 3.6 中的某些性质。每个日志条目都有一个整数索引值来表明它在日志中的位置。

leader 可以决定在什么时候把日志条目应用到状态机中。这种已经应用到状态机中的条目状态为已执行。Raft 算法保证所有已执行的日志条目都是持久化的并且最终会被所有的状态机执行。如果 leader 将它创建的日志条目已经复制在大多数服务器上，该日志条目状态就会被执行(例如在图 3.6 中的条目 7)。同时在 leader 日志中，所有比该已执行条目更早的日志条目也都会被执行，其中也包括由其他 leader 创建的条目。leader 将会追踪已执行的日志条目中的最大索引，同时未来的所有 AppendEntriesRPC 都会包含该索引。这样其他的服务器才能知道最终哪些日志条目需要被执行。如果 follower 知道某个日志条目已经被执行，就会按照日志的顺序将该日志条目应用到自己的本地状态机中。

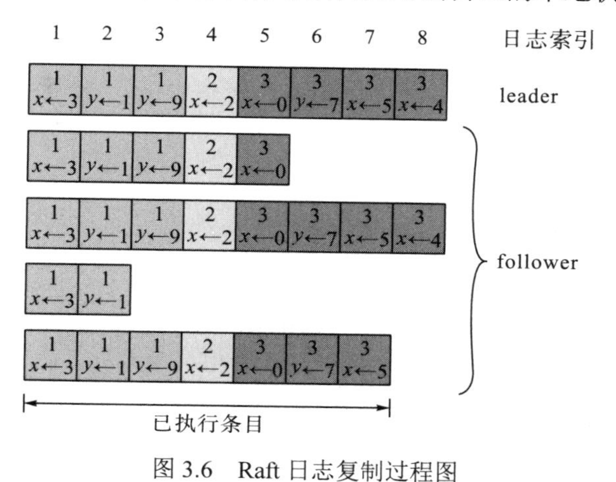

图 3.6　Raft 日志复制过程图

Raft 日志机制可以维持不同服务器之间日志层的共识。这么做不仅简化了系统的行为，同时该机制也是保证安全性的重要组成部分。

Raft 保持着以下特性：

(1) 如果不同日志中的两个条目拥有相同的索引和任期号，那么它们存储了相同的指令。

(2) 如果不同日志中的两个条目拥有相同的索引和任期号，那么它们之前的所有日志条目也都相同。

leader 在某一个任期号内，在一个日志索引处最多创建一个日志条目，同时日志条目在日志中的位置也不会改变，这保证了第一条特性。AppendEntriesRPC 执行一个简单的共识检查，可以保证第二个特性。在发送 AppendEntriesRPC 的时候，leader 会将前一个日志条目的索引位置和任期号包含在里面。如果 follower 在它的日志中找不到包含相同索引位置和任期号的条目，那么它就会拒绝该新的日志条目。共识检查就像一个归纳步骤：一开始空的日志状态肯定是满足 LogMatchingProperty(日志匹配特性)的，然后共识检查保证了日志扩展时的日志匹配特性。因此，每当 AppendEntriesRPC 返回成功时，leader 就知道 follower 的日志一定和自己相同(从第一个日志条目到最新条目)。

正常操作期间，leader 和 follower 的日志保持一致，所以 AppendEntriesRPC 的共识检查从来不会失败。然而 leader 崩溃会使日志处于不一致的状态(前任 leader 可能还没有完全复制它日志里的所有条目)。这种不一致问题会在一系列的 leader 和 follower 崩溃的情况下加剧。图 3.7 展示了在什么情况下 follower 的日志可能和新 leader 的日志不同。follower 可能缺少一些在新 leader 中有的日志条目，也可能拥有一些新 leader 没有的日志条目，或者两种情况同时存在。缺失或多出日志条目的情况可能会涉及多个任期。

图 3.7 中反映出，当一个 leader 成功当选时(最上面那条日志)，follower 可能会出现(a)～(f)中的情况。每一个方块表示一个日志条目，里面的数字表示任期号。follower 可能会缺少一些日志条目[(a)、(b)]，可能会有一些未被执行的日志条目[(c)、(d)]，或者两种情况都存在[(e)、(f)]。例如，场景(f)可能这样发生：(f)对应的服务器在任期 2 的时候是 leader，追加了一些日志条目到自己的日志中，一条都还没执行就崩溃了；该服务器很快重启，在任期 3 重新被选为 leader，又追加了一些日志条目到自己的日志中；在任期 2 和任期 3 中的日志都还没被执行之前，该服务器又宕机了，并且在接下来的几个任期里一直处于宕机状态。

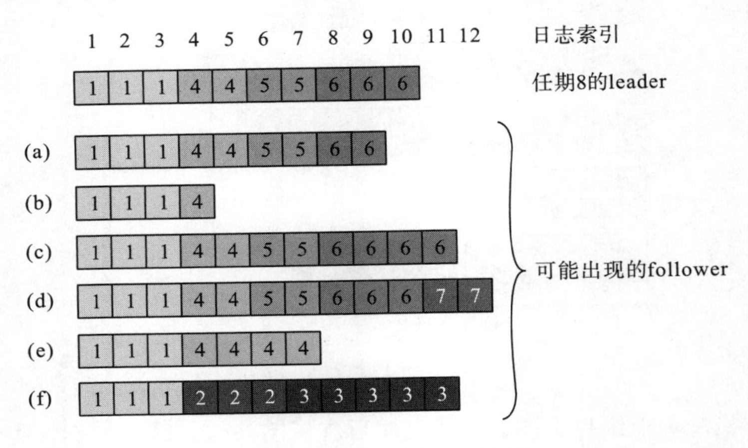

图 3.7　日志复制情况示意图

在 Raft 算法中，leader 通过强制 follower 复制它的日志来解决不一致的问题。如果 follower 有和 leader 不一致的日志条目，冲突的条目会被 leader 的日志条目覆盖。要使得 follower 的日志和 leader 保持一致，leader 必须找到两者达成一致的日志条目中索引值最大的那个日志条目，然后删除 follower 日志中该点之后的所有日志条目，并且将该点之后自己的所有日志条目发送给 follower。这些所有的操作都发生在 AppendEntriesRPC 共识检查的回复中。

leader 为每一个 follower 都生成一个下一索引值(nextIndex)，表示 leader 要发送给 follower 的下一个日志条目的索引。当选出一个新 leader 时，该 leader 将所有 nextIndex 的值都初始化为自己最后一个日志条目的索引值加 1(图 3.7 中的 11)。如果 follower 的日志和 leader 的不一致，那么下一次 AppendEntriesRPC 中的共识检查就会失败。在被 follower 拒绝之后，leader 就会减小 nextIndex 并重试 AppendEntriesRPC。最终 nextIndex 会在某个位置使得 leader 和 follower 的日志达成一致。此时，AppendEntriesRPC 就会成功，将 follower 中跟 leader 冲突的日志条目全部删除然后追加 leader 中的日志条目(如果有需要追加的日志条目的话)。一旦 AppendEntriesRPC 成功，follower 的日志就和 leader 一致，并且在该任期接下来的时间里保持一致。

我们可以优化该协议来减少被拒 AppendEntriesRPC 的个数。例如，当拒绝一个 AppendEntriesRPC 的请求时，follower 可以反馈冲突条目的任期号和该任期下所存储的第一条索引。借助这些信息，leader 可以跳过该任期内所有冲突的日志条目来减小 nextIndex。这样就变成当发现冲突日志条目时，每个任期内需要发送一个 AppendEntriesRPC 来进行共识检查，而不是每个条目检查一次。

通过这种机制，leader 在当选之后就不需要任何特殊的操作来使日志恢复到一致状态。leader 只需要进行正常的操作，然后日志就能在 follower 回复 AppendEntriesRPC 共识检查失败时自动趋于一致。这样 leader 将不会覆盖或者删除自己的日志条目。

这样的日志复制机制展示了共识特性：只要过半的服务器能正常运行，Raft 就能够接受、复制并应用新的日志条目。在正常情况下，新的日志条目可以在一个 RPC 来回中被复制给集群中的过半机器，而且单个运行慢的 follower 不会影响整体的性能。

3.2.4 Raft 算法完善

前面的小节描述了 Raft 算法是如何进行 leader 选举和日志复制的。然而，这种机制并不能充分地保证每一个状态机会按照相同的顺序执行相同的指令。例如，一个 follower 可能会进入失效状态，在此期间，leader 可能执行了若干日志条目，然后这个 follower 可能会被选举为 leader,并且用新的日志条目覆盖这些日志条目，结果不同的状态机可能会执行不同的指令序列。

这节通过对 leader 选举增加一个限制来完善 Raft 算法。这一限制保证了对于给定的任意任期号，leader 都包含了之前各个任期所有被执行的日志条目。这一 leader 选举的限制，也使得执行规则更加清晰。最后，对 leader 完整性进行简要证明并且说明该性质是如何领导复制状态机执行正确的行为的。

1. 选举限制

在任何基于 leader 的共识算法中，最终 leader 都必须存储所有已执行日志条目。在某些共识算法中，例如 VR，一开始并没有包含所有已经执行的日志条目的服务器也可能被选为 leader。这种算法包含一些额外的机制来识别丢失的日志条目并将它们传送给新的 leader，要么是在选举阶段，要么在之后很快进行。不幸的是，这种方法会导致相当大的额外的机制和复杂性。Raft 使用了一种更加简单的方法，它可以保证新 leader 在当选时就包含了之前所有任期号中已经执行的日志条目，不需要再传送这些日志条目给新 leader。这意味着日志条目的传送是单向的，只从 leader 到 follower，并且 leader 从不会覆盖本地日志中已经存在的条目。

Raft 使用投票的方式来阻止 candidate 赢得选举，除非该 candidate 包含了所有已经执行的日志条目。candidate 为了赢得选举必须与集群中的过半节点通信，这意味着至少其中一个服务器节点包含了所有已执行的日志条目。如果 candidate 的日志至少和过半的服务器节点一样新，那么它一定包含了所有已经执行的日志条目。RequestVoteRPC 执行了这样的限制：RPC 中包含了 candidate 的日志信息，如果投票者自己的日志比 candidate 的还新，它会拒绝该投票请求。

Raft 通过比较两份日志中最后一条日志条目的索引值和任期号来定义谁的日志比较新。如果两份日志最后条目的任期号不同，那么任期号大的日志更新。如果两份日志最后条目的任期号相同，那么日志较长的那个更新。

2. 日志条目执行

一旦当前任期内的某个日志条目已经存储到过半的服务器节点上，leader 就知道该日志条目已经被执行了。如果某个 leader 在执行某个日志条目之前崩溃了，以后的 leader 会试图完成该日志条目的复制。然而，如果是之前任期内的某个日志条目已经存储到过半的服务器节点上，leader 也无法立即断定该日志条目已经被执行了。图 3.8 展示了一种情况，即一个已经被存储到过半节点上的旧日志条目，仍然有可能会被未来的 leader 覆盖。

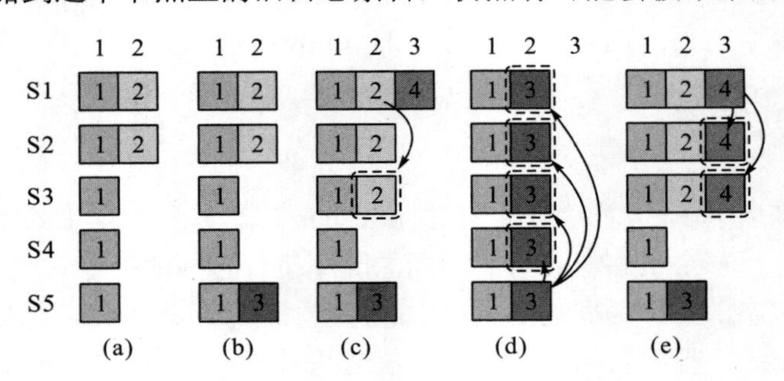

图 3.8 新 leader 的条目覆盖旧日志条目

图 3-8 中，时间序列展示了为什么 leader 无法判断旧的任期号内的日志是否已经被执行。其中，(a)：S1 是 leader，部分地复制了索引位置 2 的日志条目。(b)：S1 崩溃了，然后 S5 在任期 3 中通过 S3、S4 和自己的选票赢得选举，并从客户端接收了一条不一样的日志条目放在了索引 2 处。(c)：S5 崩溃了。S1 重新启动，选举成功，继续复制日志。此时，来自任期 2 的那条日志已经被复制到了集群中的大多数机器上，但是还没有被执行。但如果 S1 在(d)中又崩溃了，通过来自 S2、S3 和 S4 的选票，S5 可以重新被选举成功，然后覆盖它们在索引 2 处的日志。这样出现了一个已经被存储到过半节点上的旧日志条目仍然有可能会被未来的 leader 覆盖的情况。但是在崩溃之前，如果 S1 在自己的任期里把日志条目复制到大多数机器上，如(e)中，那么这个条目就会被执行，S5 就不可能选举成功，在这种情况下，之前的所有日志也被执行了。

为了解决图 3.8 中描述的问题，Raft 不再通过计算副本数目的方式来执行之前任期内的日志条目，只有 leader 当前任期内的日志条目才通过计算副本数目的方式来执行。一旦当前任期的某个日志条目以这种方式被执行，那么由于日志匹配特性，之前的所有日志条目也都会被间接地执行。在某些情况下，leader 可以安全地断定一个旧的日志条目已经被执行(例如，该条目已经存储到所有服务器上)。

Raft 会在执行规则上增加额外的复杂性是因为当 leader 复制之前任期内的日志条目时，这些日志条目都保留原来的任期号。在其他的共识算法中，如果一个新的 leader 要重新复制之前任期里的日志，它必须使用当前新的任期号。Raft 的做法有利于更加容易地推导出日志条目，因为它们自始至终都使用同一个任期号。另外，和其他算法相比，Raft 中的新 leader 只需要发送更少的日志条目(其他算法中必须在它们被执行之前发送更多的冗余日志条目来给它们重新编号)即可达到目的。Raft 算法流程如表 3.5 所示。

表 3.5　Raft 共识算法流程

Raft 共识算法

```
Class Raft Rules{
/*
*所有节点都会接收其他节点发送的 RPC 消息，如果执行 Index
*/
   Function Allnodes(RPC){
     If(commitIndex > lastApplied )
        Then new lastApplied;
        Nodes.log[]← log[lastApplied];
     If(RPC.Term>Nodes.currentTerm)
        Nodes.Status← Follower;
}
Function FollowerNodes(RPC){
//如果超过选举时间，未收到 leader 发送的 AppendEntriesRPC 且未向其他节点投票，那么节点状态转变为 candidate
If(VoteTime > ruleTime || Nodes.RPC != null || Nodes.Votefor !=null)
      Then Nodes.Status← Follower;
Else Nodes.Status← Candidate;
}
Function candidateNodes(){
   Nodes.currentTerms+1; //当前任期加 1
   Votefor NodeID; //为本节点记上 1 票
   Send RequestVoteRPC to Nodes; //给其他节点发送选举请求 RPC
//如果超过半数节点响应，成为新的 leader
   If(VoteNum > AllNodes.count/2)
   Then Nodes.Status← leader;
//如果超过选举时间，重新发起选举请求 RPC
   If(VoteTime > rulesTime)
   Then recommit candidateNodes();
//如果收到 leader 发送的 AppendEntriesRPC，状态回到 follower
   If(Nodes.RPC = =AppendEntriesRPC)
   Then Nodes.Status← Follower;
}
//接收来自客户端的请求，将请求添加到本地日志，发送 AppendEntriesRPC 给 follower 执行
Function leaderNodes(RPC){
//向所有节点定时发送心跳 RPC
  While(Leader.RunningState = = True){
Leader send AppendEntriesRPC to AllNodes;
Follower send ReplyEntriesRPC to Leader; }
//follower 的 nextIndex 小于 leader 的最新日志编号，更新 follower 的日志项至最新日志项的所有日志项
If(lastLogIndex > nextIndex && RPC!= null)
Then send AppendEntriesRPC to Follower;
Follower.nextIndex← lastLogIndex;
Follower.log[]← AppendEntriesRPC.log[];
//如果 follower 和 leader 的日志不一致，减少 nextIndex，重新发送 RPC
while(Follower.log[] = = Leader.log[])
 Repeat nextIndex← lastLogIndex - 1;
 Leader send AppendEntriesRPC(nextIndex);
     }
}
```

3. follower 和 candidate 崩溃

到目前为止，我们只关注了 leader 崩溃的情况。follower 和 candidate 崩溃后的处理方式比 leader 崩溃要简单得多，并且两者的处理方式是相同的。如果 follower 或者 candidate 崩溃了，那么后续发送给它们的 RequestVoteRPC 和 AppendEntriesRPC 都会失败。Raft 通过无限的重试来处理这种失败，如果崩溃的机器重启了，那么这些 RPC 就会成功地完成。如果一个服务器完成了一个 RPC，但是还没有响应的时候崩溃了，那么在它重启之后就会再次收到同样的请求。例如，一个 follower 如果收到 AppendEntriesRPC 请求但是它的日志中已经包含了这些日志条目，它就会直接忽略这个新的请求中的这些日志条目。

4. Raft 超时机制

Raft 不依赖定时，整个系统不会因为某些事件运行得比预期快一点或者慢一点就产生错误的结果。但是系统为了能够及时响应客户不可避免地要依赖于定时。例如，当有服务器崩溃时，消息交换的时间就会比正常情况下长，candidate 将不会等待太长的时间来赢得选举。没有一个稳定的 leader，Raft 将无法运行。

leader 选举是 Raft 中定时最为关键的方面。只要整个系统满足下面的时间要求，Raft 就可以选举出一个稳定的 leader：

广播时间(broadcastTime) ≪ 选举超时时间(electionTimeout) ≪ 平均故障间隔时间，(MTBF mean time between failures)

广播时间指的是一个服务器并行地发送 RPC 给集群中所有的其他服务器并接收到响应的平均时间；选举超时时间指的是在 leader 选举环节的选举超时时间；平均故障间隔时间指的是对于一台服务器而言，两次故障间隔时间的平均值。广播时间必须比选举超时时间小一个量级，这样 leader 才能够可靠地发送心跳消息来阻止 follower 开始进入选举状态，再加上选举超时时间随机化的方法，这个不等式也保证了不会出现选票瓜分的情况。选举超时时间需要比平均故障间隔时间小上几个数量级，这样整个系统才能稳定地运行。当 leader 崩溃后，整个系统在选举超时时间期间(例如 150～300 毫秒)不可用，这在整个时间里只占一小部分。

广播时间和平均故障间隔时间是由系统决定的，但是选举超时时间是我们自己选择的。Raft 的 RPC 需要接收方将信息持久化地保存到稳定存储中去，所以广播时间是 0.5～20 毫秒，取决于存储的技术。因此，选举超时时间可能为 10～500 毫秒。大多数服务器的平均故障间隔时间都为几个月甚至更长，很容易满足时间要求。

3.3 PBFT 算法

实用拜占庭容错共识算法(practical Byzantine fault tolerance，PBFT)是由 Castro 和 Liskov（1999）提出的，他们描述了一种能有效解决拜占庭容错问题的共识算法。拜占庭容错算法在实际应用中十分重要，但是实用拜占庭容错共识算法提出之前很难实现，原因有二：①假设一种同步环境，网络环境苛刻；②在实际使用中效率太低。PBFT 算法能在像互联网这样的异步网络环境中使用并且实现了几个重要的优化。这种算法提高了共识效率，缩短不止一个数量级的响应时间。随着恶意攻击和软件错误越来越普遍，工业和政府对在线信息服务的日益依赖，使得恶意攻击频发。另外，软件的大小不断增长而且愈发复杂，导致软件错误的数量也在逐步增多。因此，在共识问题中解决拜占庭容错问题显得十分重要。

3.3.1　实用拜占庭容错系统模型

首先假设一种异步的分布式系统，节点通过网络相互连接，网络可能出现消息传递失败、信息传递延迟、截断或消息顺序错误等情况。在该模型中可能会出现：作恶节点(faulty nodes)会表现为任意状态；每个节点运行不同的操作系统和执行不同的服务代码，而且有各自的 root(根用户)账户密码和管理员；从相同的代码库可能会得到不同的执行结果。我们使用密码学技术来阻止欺骗、延迟和查明冲突的消息。消息中包含公钥签名、授权代码和通过抗碰撞哈希函数生成的消息摘要。用 $<\mathrm{m}>_{\sigma_i}$ 来表示消息 m 的结构体，消息 m 的摘要用 $D(m)$ 表示。算法中沿用常规的签名方法，对消息的摘要签名取代了对整个消息的明文签名。所有的复制状态机都知道其他的公钥，以此来验证签名。

假设这里有一个强大的敌手能够协调作恶节点、延迟通信甚至延迟正确节点，其目的是对复制服务进行破坏。这里假设敌手不能无限期地延迟正确节点，而且敌手和其控制的作恶节点是有算力极限的，敌手不能逆推解密之前提到的签名算法。比如，敌手不能创造一个非作恶节点的合法签名或无法找到哈希碰撞(两条不同的消息有着相同的哈希值)。

实用拜占庭容错算法沿用了复制状态机的技术。复制状态机是在分布式系统中不同节点之间复制状态的模型。每个状态及复制保证服务状态并执行服务操作。模型中我们把副本集合记为$\mathcal{R}$，每个副本为$\{1,2,\cdots,|\mathcal{R}|-1\}$。集合中复制机总数量$|\mathcal{R}|=3f+1$，其中$f$是复制机可能作恶的最大数量。复制机在配置中成功运行的过程称为视图(view)。在一次视图中，只有一个节点为主节点(the primary node)，其余节点为备份节点(backups)。视图有唯一编号 v，主节点 p 的视图编号为 $p=v\bmod|\mathcal{R}|$。若主节点宕机或作恶，启动视图变更，改变视图编号更换主节点。该算法的主要流程为：

(1)客户端给主节点发送请求，节点激活服务操作。

(2)主节点给备份节点广播请求。

(3)复制机执行请求，执行完毕后向客户端发送回复。

(4)客户端等待操作结果，直到收到至少 f+1 个有着相同结果的复制机回复。

3.3.2　客户端流程

客户端(client，记为 c)，向状态机发送请求执行操作(operation，记为 o)。操作信息 $\mathrm{m}=<\mathrm{REQUEST},\mathrm{o},\mathrm{t},\mathrm{c}>_{\sigma_c}$ 传达给主节点。t 是时间戳(time-stamp)，确保客户端请求的唯一性。如果一个时间戳的值越大，说明这条请求的请求时间越晚，比较时间戳的大小可以将请求排序。当客户端发出请求的时候，时间戳就是客户端本地时钟的值。

复制机发送给客户端的信息包括当前视图编号、允许客户端追溯的视图和当前的主节点。客户端发送给当前的主节点一个点对点(point-to-point)信息，主节点自动广播这条请求给所有的备份节点。备份节点根据这条请求执行操作，之后返回给客户端执行结果，回复 $r = \langle REPLY, v, t, c, i, r \rangle_{\sigma_i}$，其中 v 是当前的视图编号，t 是相关请求的时间戳，i 是复制机编号，r 是请求的执行操作结果。

客户端收到至少 f+1 个附有有效签名的回复，这些回复有着相同的时间戳 t 和结果 r。因为至多有 f 个复制机可能作恶，所以当收到 f+1 个回复时，其中至少有一个复制机是诚实的，可以说明结果 r 是合法的。

如果客户端在一定时间内没有收到足够多的回复，它将会再次广播这条请求。如果其中一个复制机已经执行过这条请求，复制机直接执行回复，回复内容为复制机最近发送给客户端的回复信息。除此之外，如果复制机不是主节点，它将这条信息转发给主节点。如果主节点没有广播给备份节点，它将会被怀疑是否存在作恶行为或宕机，可能启动视图变更。

3.3.3 PBFT 算法流程

每个复制机都包含状态服务，有一个整型符号用来记录复制机当前视图编号。当主节点 p 接收到一个客户端请求 m，主节点自动执行三段协议，同时将请求广播给备份节点。这三段协议分别是预准备、准备、执行。但如果正在执行的程序数量超过了最大限制，主节点并不会立即启动程序，在这种情况下，该请求将会进入缓存，见图 3.9。

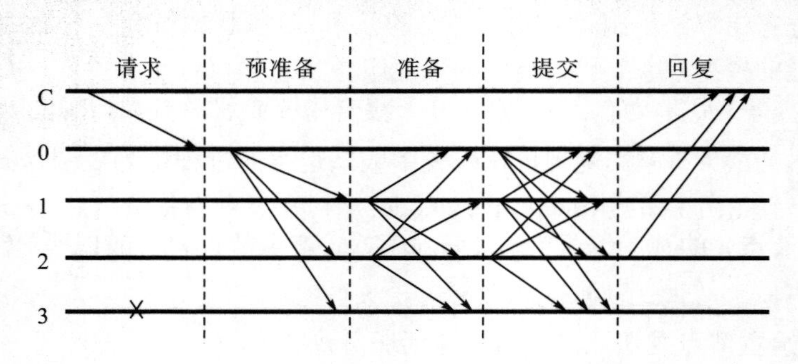

图 3.9 PBFT 算法流程

1. 预准备阶段

主节点将唯一序列号 n 赋给请求，然后广播预准备信息 m 给所有的备份节点，同时将这条请求添加到日志中。这个信息 $m = \langle\langle PRE-PREPARE, v, n, d \rangle_{\sigma_i}, m \rangle$，其中 v 表示正在发送中的信息的视图，m 是客户端请求的信息，d 是信息 m 的摘要。为了保证预准备信息的大小不会过大，用户的请求内容并不会包含其中。预准备可以视为一种证据，也就是请求在视图 v 中已经被赋予唯一序列号 n 的证据。备份节点接收预准备消息需要保证以下条件：

(1) 请求签名和预准备信息是正确的。

(2) m 在视图 v 中，d 是 m 的摘要。

(3) 从未接收过有着相同视图 v 和序列号 n 却是不同摘要的预准备信息。

(4) 预准备信息中的序列号在最大限制 H 和最小限制 h 之间。

为什么要设置H和h？这是为了阻止主节点通过选择一个特别大的序列号来耗尽序列号选择空间，从而实现作恶。当备份集群接收到一个 $<<\mathrm{PRE-PREPARE},v,n,d>_{\sigma_i},m>$，它将这条信息广播给其他的复制机并把它添加到日志中，接着就进入到准备阶段了。

2. 准备阶段

如果信息签名是正确的，其中的视图编号等于复制机当前视图编号，序列号介于 h～H，复制机就会接收这条信息并且添加到日志中去。当且仅当复制机已经把它添加到日志，我们认定一条消息 prepare(m, v, n, i) 为真：当满足预准备信息为 m，视图为 v，序列号为 n，收到了 $2f$ 个不同备份节点与预准备信息 pre－prepare(m, v, n, i) 匹配成功的回复时，复制机就把它添加到日志中。复制机验证准备信息和预准备信息是否匹配，它们是否有着相同的视图、序列号和摘要。在准备阶段需要定义节点的数据结构，如表 3.6 所示。

表 3.6 节点信息数据结构

节点信息结构

Struct Basic Node () {
String ip；//节点 ip 地址
Int port；//节点端口号
NodeAddress address；//节点地址信息
Int Index；//节点序号
Boolean ViewState；//视图状态
Boolean RunningState；//节点运行状态
}

然后定义 PBFTmessage 的数据结构， PBFT 算法发送信息的数据结构见表 3.7，其初始化过程见表 3.8。

表 3.7 消息数据结构

消息结构

Struct PBFTmessage () {
Int messageType；// 消息类型
String messageBody；//消息体
Int fromnode；//发送节点编号
Int toNode；//接收节点编号
Int time；//消息时间戳
Int viewNum；//视图编号
String id；//消息 id 编号
}

表 3.8　PBFT 消息初始化流程

PBFT 消息初始化流程

```
  Function PbftMsg (int Node, int msgType, int CommonViewNum) {
node←Node;
messageType←msgType;
time←currentTime; //系统当前时间为时间戳
viewNum←CommonViewNum; //当前 leader 的视图编号
}
Function String Hash (Struct PbftMessage) {
Return hash (PbftMessage); //返回 PBFT 共识消息摘要
}
```

同时在共识过程中，定义全局状态数据结构，见表 3.9。

表 3.9　全节点通用信息

全节点通用信息

```
Class AllNodeCommonMsg{
/*
*设置最大失效节点数量，数量不超过 1/3
*/
  Function getMaxf () {
    return (size-1) /3;
}
  Function getIndex () {
    return (view + 1) % size;
}
  New allNodeAddresssMap<Integer, NodeBasicInfo>; //关联对应节点信息的节点地址编号表
  Size← allNodeAddressMap.size () + 1; //区块链中节点总数量
}
```

准备阶段和预准备阶段是为了保证诚实节点在一个视图内的不同请求事件的顺序能够达成一致。如果 prepare(m, v, n, i) 为真，那么 prepare(m', v, n, i) 对于诚实的复制机一定为假。复制机总数量为 $3f+1$，可以推断出至少有 $f+1$ 个诚实复制机已经发送了预准备信息或准备信息。因此如果消息中出现了 prepare(m', v, n, i)，证明至少有一个复制机同时发出了 prepare(m, v, n, i) 和 prepare(m', v, n, i) 这两条冲突的消息，两条消息有着相同的视图序列号却有着不同的消息摘要，但是诚实复制机是不能这样做的。所以只要确保敌手不能找到哈希碰撞，也就是不同的消息有着相同的哈希摘要，就不会出现预准备和准备信息匹配但消息不一致的情况。

3. 执行阶段

当 prepare(m, v, n, i) 为真时，复制机 i 广播 $<\mathrm{COMMIT, v, n, D(m), i}>_{\sigma_i}$ 给其他复制机。这样开启执行阶段，复制机接收执行命令。如果消息中的签名正确，视图编号等于当

前复制机的视图编号，序列号介于 $h \sim H$，那么复制机将会把这条执行消息添加到日志当中。执行可以分为已执行(committed)和本地已执行(committed-local)。当且仅当节点数量达到 f+1 的集合执行结果commit(m, v, n, i)为真时，所有的复制机prepare (m, v, n, i)消息都为真。当且仅当prepare(m, v, n, i)为真并且复制机已经接收到 2f+1 个执行结果(包括复制机本身)时，本地执行结果(committed-local)为真。如果它们有着相同的视图、序列号和摘要，那么执行结果就会匹配相应的pre-prepare信息。

当committed-local(m, v, n, i)为真且复制机 i 的状态反馈所有比 n 更小的序列号请求之后，复制机执行请求消息为 m。这样确保了所有诚实的复制机可以按照要求的安全性条件，按照相同的顺序执行请求。在执行完请求后，复制机会给客户端发送一个回复。

3.3.4 日志回收

日志回收主要讨论从日志中删除信息的机制。系统出于安全考虑，在确认至少有 f+1 个诚实复制机已经执行了这条请求之前，消息必须一直存储在复制机的日志当中。除此之外，如果一些复制机缺失的信息正好已经被所有诚实复制机删除，这些复制机将需要通过传输部分或全部服务状态来更新。因此，复制机也需要一些证据证明这个状态是正确的。如果复制机每次执行完部分操作都要生成证据的话，开销是非常大的。相反，证据可以是周期性生成的，每执行一定数量的请求后生成一次状态证明，我们把执行这些请求所产生的状态称为一个检查点，将具有证明的检查点称为一个稳定的检查点。

复制机保持着以下几种服务状态逻辑副本：①最新稳定检查点；②0或非稳定检查点；③当前状态。当一个复制机 i 产生了一个检查点，它将广播 $<\text{CHECKPOINT}, n, d, i>_{\sigma_i}$ 给其他的复制机，其中 n 是最新请求的序列号。每个复制机需要收集检查点信息直到至少有 2f+1 个不同的复制机也收到了检查点信息。这 2f+1 个消息就是检查点正确性的证据。当一个检查点变为稳定检查点后，复制机将会更新信息。复制机会从日志中删除之前所有序列号小于或等于检查点序列号 n 的预准备、准备和执行信息，同时也会删除之前所有的检查点和检查点信息。检查点协议用于提高 h 和 H(这决定了哪些消息将被接受)。h 等于最后一个稳定检查点的序列号。$H=h+k$，其中 k 是需要足够大的。复制机不会为了保持稳定而等待检查点。

3.3.5 视图变更

当主节点失效时，视图变更协议将会被启用。如果备份节点收到一个合法的请求但还没执行，它会一直等这个请求。视图变更根据时延触发，时延会阻止备份节点一直处于等待执行请求的状态。所以视图变更协议设计了一个计时器，当备份节点收到一个请求时，它就会开启这个计时器。当备份节点不再等待执行这个请求时，它就会停止计时器。但是如果这时它等待去执行其他的请求，计时器则会重启。

如果备份节点 i 的计时器在视图编号 v 中到期，它会开启视图变更将系统视图编号变为 v+1。它会停止接收信息并广播视图变更信息 $<\text{VIEW}-\text{CHANGE}, v+1, n, C, P, i>_{\sigma_p}$ 给其他的复制机。这里 n 是最新的稳定检查点 s 的序列号，C 是 $2f+1$ 个能证明 s 合法的有效检查点信息的集合，P 是 i 中所有序列号大于 n 的每个请求 m 的预准备信息 P_m 的集合。每个 P_m 包含一个预准备信息和 $2f$ 个匹配映射，合法预准备信息有着相同的视图编号、序列号和摘要，以及不同备份节点签名的信息。视图切换算法具体流程见表 3.10。

表 3.10 视图切换算法过程

视图切换算法

```
Class ChangeView () {
/*
*视图初始化
*/
Function InitialView (PBFTmessage msg) {
   If (node.ViewState == True)
then return；//节点视图状态正常，无需初始化
   Count ←collection.getViewNum ()；//计算集合中当前视图编号
   If (count >= 2*AllNodeCommonMsg.getMaxf () +1)
then collection.clear ()；//重置视图编号
AllNodeCommonMsg.view = msg.getViewNum ()；//重新计算视图编号
   }
/*
*视图切换
*/
   Function ChangeView (PBFTmessage msg) {
viewNum ← AllNodeCommonMsg.view + 1；
msg.setViewNum (viewNum)；
Client.publish (msg)；//传播视图切换消息
}
}
```

当编号为 v+1 的节点 p 从其他复制机收到了数量为 $2f$ 的视图变更为 v+1 的信息时，p 就变为主节点。它就会广播一条 $<\text{NEW\_VIEW}, v+1, V, O>_{\sigma_p}$ 信息给其他所有的复制机。假设 χ 是预准备信息的集合，χ 由如下计算生成：

(1) 主节点决定 v 中最近稳定检查点的序列号 min-s 和 v 中预准备信息最大序列号 max-s。

(2) 主节点 v+1 在序列号 min-s 和 max-s 之间创建一个新的预准备信息。

主节点把 χ 中的信息附加到日志当中。如果 min-s 比最近稳定检查点的序列号大，主节点也会将带有 min-s 的检查点的序列号插入到日志当中，并且从日志中删除冗余信息。然后视图编号变更为 v+1，此后，它能接收到视图编号为 v+1 的信息。备份节点接收新的视图编号为 v+1 的视图变更信息。如果满足视图编号 v+1 的视图变更信息是合法的、集合 χ 是正确的、备份节点通过与主节点创建 χ 相似的方法计算验证 χ 的正确性，那么备份节点会把这些主节点描述的新信息添加到日志当中，为 χ 中每个信息广播一个准备，把这些准备添加到日志中，进入视图编号 v+1 时期。视图传播流程见表 3.11。

表 3.11　视图传播算法流程

视图传播算法

```
Class PubView{
/*
*客户端生成视图请求消息，指定获取的消息内容类型和节点索引信息
*/
  View ←new PBFTmessage(MsgType.getView，node.getIndex)
  Client.Publish(View)//客户端发送视图请求信息
/*
*节点接收到视图请求信息，返回本地 view 值给客户端
*/
  Function SendView(View){
    NewMsg ←new PBFTmessage;
    NewMsg.fromNode ←View.getNode()；设置发送节点
    NewMsg.toNode ←node.getIndex()；设置接收节点
    NewMsg.setViewNum ←AllNodeCommonMsg.view；设置 view 值
    return NewMsg；//返回 view 值查询结果消息给客户端
}
/*
*客户端接收节点返回的消息
*/
  Function getView(PBFTmessage msg){
  If(node.ViewState == True)
then return；//节点视图状态正常，无需初始化
  Count ←collection.getViewNum()；//计算集合中当前视图编号
  If(count >= 2*AllNodeCommonMsg.getMaxf()+1)
then collection.clear()；//重置视图编号
AllNodeCommonMsg.view = msg.getViewNum()；//重新计算视图编号
}
    }
```

3.4　其他共识算法介绍

CAP 理论是分布式系统中的经典定理，由加州大学的计算机科学家 Eric Brewer 提出。分布式系统有三个指标，分别为 consistency(一致性)、availability(可用性)和 partition tolerance(分区容错性)。三个指标在分布式系统中只能实现其中两个。一致性指在分布式环境中，不同节点之间的数据同步是准确无误的。数据一致性体现在对一个副本进行数据更新的时候，确保其他的副本也正确更新。一致性分为两种，分别为强一致性和弱一致性。这个概念最早由 Douglas Terry 提出。强一致性是指把全局的事件组成一个集合，集合中所有事件的先后顺序是确定的，该集合为全序集合。这是分布式系统可以达到强一致性。弱一致性是指数据写入操作完成后，数据在副本上可能读出来，也可能读不出来，但可以保证在某一时间后每个副本的数据概率是一致的。可用性是指系统能够提供正确的数据服务。大多数分布式系统存在多个子网络，每个子网络可定义为一个分区(partition)。分区容错性指分区间的信息同步存在失败的可能。

分布式一致性算法必须满足 CAP 理论，它分为概率一致性算法和绝对一致性算法。概率一致性算法指在不同分布式节点之间，保证在一定时间内数据有较大概率达到一致性，但仍存在某些节点的数据不一致的情况。绝对一致性算法是指在任意时间点，不同分布式节点之间的数据都会保持绝对一致性。接下来介绍目前区块链系统中的一致性算法。

工作量证明（proof of work，PoW）算法(Nakamoto，2008)。工作量证明算法要求节点进行一些耗时耗电的复杂运算，解决复杂数学问题。如果某节点是第一个完成复杂计算且其运算结果被验证为正确的，那么这个节点将以消耗的时间、能源等成本为担保，提供其他服务。此算法在比特币网络中广泛使用。工作量证明算法最常用的技术原理是哈希函数，用户需进行大量的穷举运算，才能找到符合要求的运算结果。区块链独有的数据结构保证该共识算法能够实现概率一致性。在比特币网络中，设置区块链速率为 10 分钟一个区块，某笔交易需要至少有 5 个区块验证确认才能生效(即经过 6 个区块后，交易才被确认)，那么共识发生错误的概率为 $1/100^6$。但是这种共识算法缺点十分明显：①会消耗大量的算力资源和电力资源(工作量证明算法中会以消耗的时间和电量作为指标，分配铸币奖励)。②交易处理速率低下，由于大部分算力集中在挖矿上，处理业务的性能很低。③大量的算力需求导致不同矿池间的算力竞争，导致了大矿池等中心化的算力集群出现，与去中心化的设计初衷相悖。

权益证明(proof of stake，PoS)算法。权益证明算法规定在某一固定时间所有节点参与投票，根据不同节点提供的权益投入判断每个节点的权重，选择权重最高的节点作为领导人。权益证明算法利用博弈理论来避免网络中出现中心化的节点，避免由于算力竞争导致大矿池等中心化集群的出现。

委托权益证明机制(delegated proof of stake，DPoS)。该机制在 PoW 和 PoS 的基础上进行了改良。DPoS 利用权益持有者的股权在平等的基础上提出了一致性解决方案。在 DPoS 中，权益持有者可以选举任何数量的见证人来生成区块。一个区块包含着一组待更新数量库状态的交易，每个账户对一个见证人只有一票。得票最高的前 N 个见证人当选。如果权益持有者想要 N 个见证人，就必须为 N 个见证人投票。每个见证人生成区块，就会得到报酬。如果见证人未能生成区块，就不会得到报酬，在未来可能会失去见证人的资格。

Algorand 共识算法。该算法是由 Gilad 等在 2017 年提出的。Algorand 共识分为两个阶段：①领导人选举；②形成共识。Algorand 共识采用可验证随机函数(verifiable random function，VRF)生成领导人。VRF 的输出由两部分组成：随机结果以及对应的随机结果证明。共识过程中，首先计算网络中账户的权重，然后根据 VRF 随机选择种子。每个节点在新一轮的开始阶段，成为区块生成者，计算随机选举的节点。被选中的节点生成区块并广播区块信息。有新的交易生成时，节点利用 BA* (Byzantine Agreement) 算法实现共识。第一步，每个节点广播它认为的权重比例最大的区块；第二步，节点再次广播它所知道的权重比例最大的区块。新的交易将会写入新区块，新区块经过 BA*共识确认后添加到区块链上。Algorand 共识算法增强了共识效率，安全性也更强。

身份证明(proof of identity，PoI)，是一种加密证据，它支持用户指定一个私钥，该私钥对应用户的一个经认证的身份，用私钥加密信息生成的 PoI 作为一种加密数据被附着到一个指定的交易上。

权威证明(proof of authority，PoA)算法。PoA是由Gavin Wood提出的，基本思路就是选出一个中央权威(领导人)来统筹共识过程。每个节点将所有交易信息内容提交给领导人统一处理，在PoA网络中，领导人会验证新的交易并签署，普通节点将与领导人同步数据，但是这样会存在中心化问题。PoA衍生的新的共识方案中，可以采用多重签名机制来签署交易，防止领导人单点失效引起交易失败。

委托拜占庭容错(delegated Byzantine fault tolerance，DBFT)(Christofi，2019)，是一种拜占庭容错共识机制，可通过代理投票大规模参与共识。对于由n个共识节点组成的共识系统，DBFT可以容忍$f=(n-1)/3$的拜占庭错误(不超过1/3的节点作恶，即是安全的)。DBFT使用于任何网络环境并能抵抗一般拜占庭故障。在DBFT共识中，出块时间为15～20秒，交易吞吐量可达1000TPS。

区块链中的共识算法有很多，包括PoS (proof of space，空间证明)、利用历史证明思想的Solana和基于股权证明的PoSV (proof of stake velocity，权益流通证明)等共识算法。但其中不少共识算法是以加密货币的安全性为目标，并非以解决分布式系统中的一致性问题为目标。大部分的共识算法大同小异，在设计算法步骤和数据结构上大体相似，在本章就不一一阐释了。

3.5　本章小结

区块链系统中应用的共识算法有很多，比特币项目中应用的共识算法是PoW(proof of work，工作量证明)。工作量证明是一种应对拒绝服务攻击和其他服务滥用的经济对策。它要求发起者进行一定量的运算，也就意味着需要消耗计算机一定的时间。这个概念由Cynthia Dwork和Moni Naor于1993年首次提出。工作量证明(PoW)这个名词则是在1999年Markus Jakobsson和Ari Juels的文章中才被真正提出。中本聪将PoW与加密签名、Merkle链和P2P网络等已有理念结合，形成一种可用的分布式共识系统。加密货币是这种系统的首个基础和应用，因而独具创新性。工作量证明这种共识方式会消耗大量算力，造成资源浪费。之后出现了PoS(proof of stake，权益证明)和DPoS(delegated proof of stake，授权权益证明)。这些共识算法主要应用于加密货币和交易的合法性证明。

在加密货币出现之前，分布式计算中的一致性算法就开始发展了。20世纪80年代左右，Lamport发表了一系列的论文，提出了复制状态机技术、拜占庭将军问题、Paxos算法等。同时期的Silvio Micali等提出了VR(viewstamped replication)算法。VR和Paxos算法几乎是同时提出的，Silvio Micali是2012年图灵奖获得者，Lamport是2013年图灵奖获得者。但是当时一致性算法的发展还不成熟。虽然Paxos理论早早就被提出，但是很多细节仍不完善，所以Paxos在算法实现上难度很大，出现了很多类Paxos项目。Lamport发表了“Paxos Made Simple”，使Paxos算法更容易理解，之后提出了multi-Paxos。Miguel Castro和Barbara Liskov提出了PBFT(practical Byzantine fault tolerance，实用拜占庭容错)算法，这种算法考虑了拜占庭将军问题，解决了分布式系统中部分节点作恶的问题，也是后续共识算法设计的模板，其中提出的请求、预准备、准备、执行、回复5个阶段成为共识算法中5个基础的流程。基于PBFT发展的Tendermint算法在此基础上添加了预执行环节，提高了共识过程的容错性。Tendermint共识算法凭借高吞吐量的优势成为区块链热点研究项目。随着比特币的兴起，科学家们意识到数字货币的巨大能量，陆续提出了Ripple、Algorand（由图灵奖获得者Silvio Micali等提出）、Conflux（由清华大学姚期智团队等提出）等共识算法。其中很多的共识算法都获得了巨大的成功，成功融资创建了区块链开发平台。共识算法是保证交易顺序、交易内容、区块链系统中各个节点账本一致性的关键技术。共识算法作为区块链的核心技术，是目前区块链的热点研究方向，有越来越多的计算机科学专家参与到共识算法的研究当中。

参考文献

Castro M，Liskov B，1999. Practical Byzantine fault tolerance. OSDI，99：173-186.

Christofi G，2019. Study of consensus protocols and improvement of the delegated Byzantine fault tolerance（DBFT）algorithm. Politècnica de Catalunya:Universitat Politècnica de Catalunya.

De Angelis S，Aneillo L，Baldoni R，et al.，2018. PBFT vs proof-of-authority: applying the CAP theorem to permissioned blockchain. https://eprints.soton.ac.uk/415083/2/itasec18_main.pdf.

Gilad Y，Hemo R，Micali S，et al.，2017. Algorand：scaling Byzantine agreements for cryptocurrencies//Proceedings of the 26th Symposium on Operating Systems Principles：51-68.

Lamport L，1998. The part-time parliament. ACM Transactions on Computer Systems. DOI:10.1145/279227.279229.

Lamport L，2001. Paxos made simple. ACM SIGACT News，32(4):18-25.

Larimer D，Hoskinson C，Larimer S，2013. Bitshare:A Peer-to-Peer Polymorphic Digital Asset Exchange. Self-published Paper，(9)，11.

Nakamoto S，2008. Bitcoin：a peer-to-peer electronic cash system. https://courses.cs.washington.edu/courses/csep552/18wi/papers/nakamoto-bitcoin.pdf.

Oki B M，1988. Viewstamped replication for highly available distributed systems. Massachusetts:Massachusetts Institute of Technology.

Ongaro D，Ousterhout J，2014. In search of an understandable consensus algorithm//2014 USENIX Annual Technical Conference（Usenix ATC 14）：305-319.

第四章　典型区块链共识算法及应用

4.1　区块链共识算法基础

4.1.1　共识问题

共识问题作为社会科学与计算机科学等领域的经典问题之一，已经有很长的发展历史。在社会科学领域，共识主要是指大家都可以接受的观念或者决定，达成共识的科学被认为具有更普世的价值；而在计算机科学领域中，共识是指在分布式计算机系统上，通过一定的容错措施，保证系统可靠运行，并且保证系统中的各个组件都能达成对同一数据的认可。

计算机在发明之初是作为一个独立的个体，所有数据的处理都在独立的个体上完成，而随着计算机网络的发展，存储在独立的计算机上的数据被要求具有可正确复制传输的性质，这是通过确保网络传输正确实现的。除此之外，不同的计算机之间会进行数据的协同处理与结果同步，因此分布式计算机系统的概念应运而生。所谓分布式计算机系统，是指由若干台分散的计算机通过互联网络而形成的计算机系统，在该系统中，各个资源单元(物理或逻辑)既相互协同又高度自治。该系统能够将系统的处理和控制功能分配到各个分散的计算机上，并且能实现资源管理，以达到能够并行地运行分布式程序的目的。

在当前大数据时代的背景下，数据作为现代商业与个人的核心价值与重要资产，如何保证在不同的计算机上进行的数据处理结果达成一致成为一个热点问题，即数据一致性问题。除了解决数据一致性问题以外，在分布式计算机系统中，由于各个计算机节点之间的网络通信不可靠，或者计算机节点出现故障等问题，分布式计算机系统中各个计算机节点之间达成完整一致性也比较困难。使分布式计算机系统中所有计算机节点就某种状态达成一致的过程称为共识，但是要注意的是即使各节点彼此之间达成共识也不能保证达成一致性。

共识问题作为分布式系统中重要的理论问题之一，其研究成果颇多。共识问题在同步系统中有很多有效算法，但早在 1985 年，共识问题就被证明在异步系统中是无法实现的(据 FLP 定理，详见 2.2.1 节)，在其后的异步系统的共识研究中研究者往往会采用一些模型或方法来辅助提供必要信息。共识问题主要有两类，一类是网络或节点出现故障时如何达成共识，另一类是在去中心化系统中如何产生最优决策的共识问题。区块链系统本质上是一种分布式系统，在区块链共识算法的研究中主要是针对第一类问题。拜占庭将军问题是分布式共识的基础，是区块链共识算法中常常考虑的共识问题。

4.1.2 区块链系统模型

区块链作为分布式数据存储、点对点传输、共识机制、加密算法等技术的集成应用，已经延伸到医疗、物联网、智能制造、供应链管理、数字资产交易等多个领域。早在 1991 年，Haber 和 Stornetta 就提出了第一个使用密码保护的数据区块应用，而直到 2008 年，中本聪第一次将区块链技术带向大众视野，他将区块链技术用于创建比特币系统，这是区块链技术的第一个成功应用(Nakamoto，2008)。而随着研究的深入，区块链技术不断地被应用于其他领域。区块链本质上是一个分布式公共账本，可以用来存储数字货币、智能合约，以及范围更加广阔的各种业务数据。根据区块链技术实际应用时存储数据的种类不同，区块链的系统架构分为三个阶段：区块链 1.0 时代、区块链 2.0 时代和区块链 3.0 时代。

区块链 1.0 架构主要是用于实现数字货币，典型应用有比特币。该架构由核心节点和前端工具组成。其中核心节点中的“矿工”主要承担两个任务：一是通过竞争获得区块数据的打包权后将内存池中的交易数据(特指已经发送到区块链网络中但是还没有经过节点确认从而打包进区块的交易数据，属于待确认交易数据)打包进区块，并通过对等(P2P)网络广播给系统中其他节点；二是接受系统对完成数据打包行为的数字货币奖励，通过这种奖励方式可以使系统发行新增货币。前端工具中钱包工具供用户管理自己的账户地址和余额；浏览器主要用于查看区块链网络中发生的数据情况，例如网络交易池中的交易数、网络单位时间的处理能力等；而 RPC 客户端和命令行接口则提供用户访问核心节点的功能。

区块链 2.0 架构的显著特点是数字货币与智能合约相结合。智能合约的存在使得区块链从分布式分类账变成了可编程的状态机，其典型应用是以太坊。以太坊可以使用前端工具中的智能合同开发工具来创建去中心化的应用程序或智能合约，智能合约的开发语言种类丰富，例如 Serpent、Solidity、Mutan 等，然后将程序编译为字节码，最终部署到以太坊区块链的各分布式账本中。其中部署后的智能合约运行在以太坊虚拟机上。智能合约的引入，扩展了区块链系统的功能。

在区块链 3.0 架构中，区块链的应用已经超越了货币、金融范围，扩展到自动化采购、智能化物联网、供应链自动化管理、产权登记等多个领域。

当前，区块链基础架构包括三大层、六小层，如图 4.1 所示，从下而上分别是数据层和网络层构成的基础网络层，共识层、激励层和合约层构成的中间协议层以及应用层。这六层每层分别完成一项核心功能，各层间相互作用，实现一个去中心化的信任机制(魏翼飞等，2019；Wattenhofer，2017)。

基础网络层作为区块链系统的技术支撑，由数据层和网络层组成。

数据层：主要描述区块链技术的物理形式，也就是从创世区块至今的区块链的数据结构，实质是描述区块链的组成部分，包含区块链的区块数据、链式结构以及区块上所用到的哈希算法、随机数、Merkle 树等，是整个区块链技术中最底层的数据结构。该层主要实现两个功能：一是基于 Merkle 树实现相关数据的存储，主要通过区块的方式和链式结构实现，为了实现数据的持久化大多会采用KV(key value)数据库的方式进行存储；二是基于数字签名、非对称加密技术、哈希算法等多种密码学相关技术保障去中心化系统中账户和交易的实现与安全。

应用层	DApp应用
合约层	智能合约、虚拟机
激励层	发行机制、分配机制
共识层	practical Byzantine fault tolerance、delegated proof of stake、proof of work、proof of stake
网络层	P2P网络、传播机制、数据验证机制
数据层	区块结构、链式结构、数字签名、哈希函数、Merkle树、非对称加密算法

图4.1　区块链基础架构

网络层：网络层封装了区块链系统的组网方式、消息传播协议和数据验证机制等要素，主要实现系统节点的网络连接与通信，又称点对点技术，是没有中心服务器、依靠用户群交换信息的互联网体系。与传统的中央网络系统相比，对等式网络每个用户端既是一个节点，也有服务器的功能，会承担网络路由、验证区块数据、传播区块数据等功能。在区块链网络中，所有节点共同维护一条最长的区块链作为主链，每个节点按照一定规则都可以创造出新的区块，该区块被广播到全网，其他节点由于会时刻监听网络，在接收到新区块后会利用数据验证机制进行区块验证，全区块链网络中超过51%的用户验证通过后的区块才可以添加到主链上。

中间协议层作为连接应用层和网络层的桥梁，由共识层、激励层和合约层组成。

共识层：主要负责让高度分散的节点在去中心化的系统中高效地针对区块数据和交易达成一致。共识分为两种：业务共识和算力共识。业务共识是指区块链系统中的不同节点按照某种随机性方法被赋予不同的业务权利，并且这种选择要达成全局共识。而算力共识指的是区块链系统中正确节点的总算力需达到一定大小才能保证系统正确工作。共识算法是区块链技术的核心技术，因为这决定了记账权的归属，而记账者的选择方式将会影响整个系统的安全性和可靠性。当前，区块链中比较常用的共识算法有：投注共识、Pool验证池、工作量证明、实用拜占庭容错等。

激励层：将经济因素集成到区块链技术体系中，主要包括发行机制和分配制度。该层主要出现在公有链中，激励机制作为一种博弈机制结合分配制度激励着系统中的节点按照利益最大原则自觉遵守系统规则，让系统朝着良性循环的方向发展，同时保证系统中各节点获得激励的公平性。

合约层：主要封装各类脚本、算法和智能合约，赋予区块链账本可编程的特性。通过将代码嵌入到区块链或令牌中，可以自定义约束条件，不需要第三方信任背书，在条件触发时自动执行，是区块链受信任的重要因素。

应用层：封装了区块链的各种应用场景和案例。

值得注意的是，数据层、网络层和共识层是构建区块链应用的必要因素，否则将不能称为真正意义上的区块链。而激励层、合约层和应用层则不是区块链应用的必要因素。

4.1.3 区块链共识算法发展

区块链技术作为多种技术的集成应用，与传统的中心化系统应用相比最大的特点是其旨在构建一个去中心化的信任体系。共识算法旨在解决分布式系统中节点之间对某个状态达成一致性结果的问题，在区块链技术中有着至关重要的作用。共识算法在区块链系统中的运用决定了谁拥有记账的权利以及记账权利选择的过程和理由，在不同的应用中选取的共识算法往往不同，例如，比特币使用的是 PoW 机制，而以太坊使用的是 PoW+PoS 机制。

从不同维度看区块链共识算法，可以得到不同的分类结果(郑敏等，2019；韩璇和刘亚敏，2017)。例如，按照容许节点错误类型分类可以分为拜占庭容错共识算法和非拜占庭容错算法；按照部署的区块链类型可以分为公有链共识、联盟链共识和私有链共识；按照记账权利的选择方式可以分为选举类共识、随机类共识、证明类共识、联盟类共识和混合类共识算法。其中选举类共识是指每一轮共识过程中通过“投票选举”的方式选举出记账节点，多见于传统分布式一致性算法，例如 VR(1988 年由 Oki 和 Liskov 提出，该协议提供了状态机复制服务)、Paxos(1989 年由 Lamport 提出的基于消息传递的一致性算法，详见 3.1 节)和 Raft(2013 年由 Ongaro 等提出，其功能与 Paxos 一致，但提高了可理解性，详见 3.2 节)等；随机类共识是指系统中的记账节点是以随机方式进行确定的，例如 Algorand(2017 年由 Silvio Micali 提出)和 PoET (proof of elapsed time)(2016 年由 Intel 推出)；证明类共识也叫“proof of X”类共识，是指在每一轮共识过程中系统节点通过竞争或其他方式来证明自己拥有系统要求达到的某种能力并获得记账权，例如比特币系统采用的 PoW 算法、PoS 算法等；联盟类共识是指系统节点基于某种特定的方式会选举出一组代表节点，记账节点在这组代表节点中通过轮循或选举的方式产生，例如 DPoS 算法；混合类共识算法是指系统节点采用多种共识算法的混合体制来选择记账节点，这也是当前共识算法的研究方向之一，例如 PoW+PoS 混合共识、DPoS+BFT 混合共识等。

由于证明类共识被广泛应用，在区块链的现有应用发展过程中对于共识机制的研究往往有以下四个方向。

(1)混合类共识算法的研究，典型的有 PoS 算法+PoW 算法的有机结合和 BFT 算法+DPoS 算法这两种。第一种是将“算力+权益”集合考虑，在一定程度上降低了拜占庭错误产生的概率，极大地提高了区块链的安全性，其典型应用是 Peercoin(点点币)；第二种场景中，传统的拜占庭类的共识算法可以实现高交易吞吐量和及时一致性，但是由于其自身特性，如通信复杂度较大、主节点出现故障发生视图切换给系统带来性能瓶颈等，使其被应用于联盟链或私有链的场景中，而 PoX 类共识算法具有良好的网络可扩展性和低消息复杂度，但是作为最终一致性算法具有较低的交易吞吐量和高时延特性，所以将两者进行有机结合可以实现性质的互补，例如 EOS(enterprise operation system，即商用分布式应用设计的一款区块链操作系统)采用的就是 BFT+DPoS 共识机制，不仅使通信时延大大缩短，也使单位时间内处理的交易数量得到了提升。

(2)原生 PoS 算法的改进。PoS 算法的主要问题就是“无利害关系”(nothing at stake)问题，所谓的“无利害关系”是指在 PoS 采取的虚拟挖矿过程中，不同于 PoW 挖矿，当系统出现分叉时，出块节点可以在不受任何损失的情况下同时为多条链服务，进而取得最大收益。这种“无利害关系”问题是点点币的主要改进方向(Bayer et al.，1993)。已有的成果有 Tendermint 及其衍生出来的 Casper、Ouroboros 等。2014 年提出的 Tendermint 算法是基于 PBFT 的 PoS 共识算法，在该算法中考虑了拜占庭容错，且考虑了异步通信网络，能够抵御双花攻击，并对检测出的恶意节点作出保证金没收惩罚。

(3)原生 PoW 算法的改进，其目标是实现比特币扩容、降低其能耗或者避免算力垄断。扩容主要表现在提高交易吞吐量，常见的手段包括增大区块的大小、减少区块生产间隔、采用侧链和分片技术。2016 年，Bitcoin-NG 的提出就是引入了两种不同类型的区块(用于选取领导者的关键区块和用于记录账本交易的微区块)，关键区块一旦生成，生成关键区块的节点将被允许以固定速率生成多个微区块，从而减少交易的确认时间。降低能耗主要采取的手段是使算力被用于有用工作，这种方式也被称为有用工作量证明。避免算力垄断采取的手段是抵御矿机，采取特殊的挖矿共识算法使得挖矿效率与内存大小无关，从而使得矿机与普通的 PC 机相比无明显的挖矿优势。

(4)传统分布式一致性算法的改进及其他。大部分研究是使分布式一致性算法在拜占庭错误环境下维持安全性、容错性等。

4.2　典型区块链共识算法

共识机制是区块链系统中各节点就区块信息达成共识过程的机制，其存在使得最新区块能够准确添加到区块链主链上，而且各节点存储的区块链信息能够保持一致，不出现分叉，并且考虑了恶意攻击模型。当前典型的区块链共识机制包括：PoW 机制、PoS 机制、DPoS 机制、PBFT 机制、Ripple 机制等。下面将详细介绍上述所提的几种典型区块链共识算法。

4.2.1　PoW 算法

PoW 系统，即工作量证明系统，是一种应对拒绝服务攻击和其他服务滥用的经济对策，最早是 1993 年由 Cynthia Dwork 和 Moni Naor 在国际密码学会议上发表的“Pricing via Processing or Combatting Junk Mail”中提出的，该篇文章提出的一种专门用于打击垃圾邮件并控制资源的访问权限的技术(通过要求用户计算一个中等难度但不难处理的函数来访问资源)其实就是工作量证明技术的原型。但是该系统并没有得到大家的关注，直到 1997

年，英国埃克塞特大学亚当·贝克(Adam Back)提出了哈希现金(HashCash)技术，用于过滤垃圾邮件、抵抗针对邮件的DDoS攻击。该算法也在后来由中本聪提出的比特币论文设计中被引用。

HashCash 使用的是一种叫 Hash 的散列过程，用到的算法叫 SHA(secure Hash algorithm)。SHA 将输入长度任意的字符串加密后得到一串固定长度的输出，且由输出猜测出原始输入被认为是几乎不可能的。正是由于这个特点，HashCash 在被应用于区块链的创建过程中时，会创建有效的区块并将其添加到区块链上。在该过程中，虽然矿工求得符合要求的值很难，但是其他矿工对已发布的区块进行正向检验却很容易，这正是 PoW 的魅力所在。

大多数以挖矿机制进行交易记录的区块链系统都是采用的 PoW 共识机制，例如比特币系统，该系统以竞争算力(系统中每个节点为整个系统提供的计算能力)的形式让计算工作完成最出色的节点获得系统的奖励，该奖励的颁发也是新生成货币不断发行的重要原因。区块链是一个持续增长的由多个块组成的链式结构，每个块包含区块头和区块体，而区块头中包含时间戳T_i、上一个区块的区块索引H_{i-1}、区块版本号V_i、Merkle 树根TX_i、随机数N_i等，区块链是密码上的安全，见图 4.2，在比特币系统中，对于每一轮只要有矿工找到相应条件的 Hash 碰撞就算成功。由哈希函数的特点可以知道要想找到两个 Hash 结果一模一样的原文件几乎是不可能的，但是在有限时间内找到两个经过 Hash 运算后的结果满足前几位相同的文件被认为是可能发生的。当前在 PoW 共识机制中被认为是最安全算法的是 SHA256 算法(部分哈希算法已经被破解，可以由结果反推出原值，例如 MD5)，因此一个完整的挖矿过程整理如下：

$$\text{SHA256}(\text{SHA256}\left(V_i \| H_{i-1} \| \text{TX}_i \| T_i \| d_i \| N_i)\right) < f(d_i) \tag{4.1}$$

其中，d_i表示当前轮次的难度值，可以认为是前多少位的 Hash 碰撞。

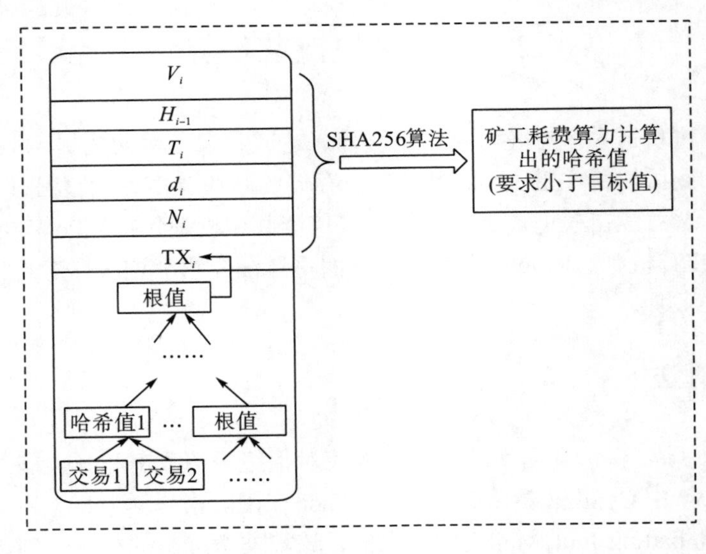

图 4.2 PoW 节点挖矿过程图

在 PoW 共识算法中矿工寻找符合条件的随机数的过程可以表述如下：

(1)矿工节点搜集当前时间段及之前的全网未确认交易，同时增加一个用于发行新比特币奖励的 Coinbase 交易，形成当前区块体的交易集合；

(2)计算区块体交易集合的 Merkle 树根计入区块头，并在区块头中填充上一个区块的区块索引、区块版本号等元数据，其中随机数N_i置 0；

(3)将随机数加 1，利用 SHA256 加密算法两次计算该区块头的哈希结果；

(4)判断所得哈希结果是否小于目标哈希值，若是则转至第(5)步，否则转至第(3)步；

(5)表明该矿工节点成功找到合适的随机数，即获得该区块的记账权，随后将该区块广播到全网，其他节点收到后可以轻松验证。

下面分析 PoW 系统的安全性。PoW 采用竞争算力的形式使得系统中的矿工节点获得打包区块的权利，由上述搜索随机数的过程可知，其中算力占比多的矿池或矿工将更有机会以较短时间找到符合条件的随机数，这是因为它们的算力更强，能以更快的速度完成哈希计算，因此 PoW 共识机制允许的最大恶意节点数量是全网算力的 50%，超过该占比则该区块链系统被认为是不可信的。如果在该系统中，有两个矿工节点同时计算出达到要求的随机数并构建出两个区块，则区块链将产生分叉，至于哪个区块代表的分叉将成为最终的主链(系统中节点保存的副本的依照)，将由系统中其他节点的选取来决定。

假设攻击者在主链上开辟了另外一条分叉链，即攻击者在某个区块之后产生了一个达到该区块目标要求的区块并将其添加到该区块之后产生了一条分叉，见图 4.3。

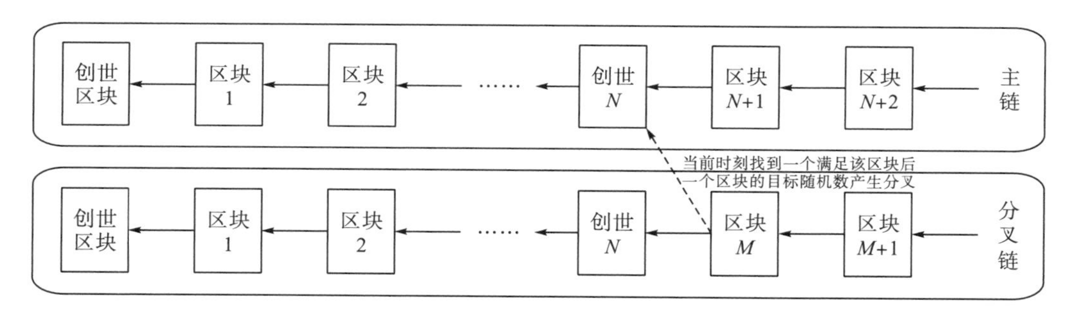

图 4.3 PoW 分叉链

随后按照 PoW 系统设定的最长链原则，攻击者产生的攻击链要想成为“主链”，其链长要超过原本的主链才能成功，则其概率为

$$P_z=\begin{cases}1, & q\geqslant p\\ \left(\dfrac{q}{p}\right)^z, & q<p\end{cases} \tag{4.2}$$

其中，p 为诚实节点制造出下一个区块的概率；q 为攻击者制造出下一个区块的概率；P_z 为攻击者最终消除 z 个区块的差距，使分叉链成为主链的概率。

假设系统中的诚实节点将耗费平均预期时间(比特币为 10 分钟)以产生一个区块，则攻击者的潜在进展就是一个泊松分布，进而得到攻击者在与主链区块长度相差 z 时还能攻击成功的概率的简化表达式如下：

$$P = 1 - \sum_{k=0}^{z} \frac{\lambda^k e^{-\lambda}}{k!} \left[1 - \left(\frac{q}{p} \right)^{n-k} \right] \tag{4.3}$$

由式(4.3)可知，随着 z 的增加，攻击者实现成功攻击的概率呈指数减小。一般情况下，比特币取 z 为 6，即比特币系统认为一个新区块产生后，后面再链接 6 个区块，则该新区块里的交易就算安全。基于 PoW 共识算法的区块链由于考虑分叉风险，其吞吐量受到了一定限制，但其可扩展性很好，节点可以自由地选择加入和退出，因此被广泛地应用于公有链的系统环境中。

4.2.2 PoS 算法

PoS 系统，即权益证明系统，最早是在 2011 年 7 月 11 日由一位名叫 Quantum Mechanic 的人在比特币社区论坛(Bitcointalk)上提出的，他对 PoS 机制的描述如下：随着比特币被更广泛地应用，一种基于 PoS 机制的证明将替代原有的基于 PoW 机制的证明。其中，PoS 机制是指节点可以用以私钥证明自己所拥有的比特币数量为权重来代替节点给网络带来的算力权重，并利用权重给交易历史进行投票。在原有的 PoW 机制中，由于想要找到符合计算条件的随机数往往需要花费大量的电力和时间成本，例如比特币平均每个块的生成时间约为 10 分钟，因此，为了使每个区块能够更快被生成，PoS 机制去掉了穷举随机数这一过程，引入了“币龄”的概念。币龄等于账户持币的数量乘以持币的天数，因此持币数量越多的节点挖到矿的概率越大。在 PoS 机制中采用的加密算法依然是 SHA256 加密算法，PoS 挖矿机制可以表述为如下算法：

$$\text{SHA256}(\text{SHA256}(\text{Bprev}), A, t) \leqslant \text{balance}(A) \times m \tag{4.4}$$

其中，Bprev 是指上一个区块；A 是账户；t 是 UTC(coordinated universal time)时间戳；balance(A)是指 A 账户的余额；m 是一个挖出当前区块的目标值。

在式(4.4)中唯一可以不断调整的参数是 t，而 m 值是固定的，因此，从数学角度来看，当账户余额(balance(A))越大时，找到合适的 t 的概率就越大。在网络中，普遍存在对于 t 的限制，如可以尝试的时间戳不能超过标准时间戳 1 小时，也就是说一个节点可以尝试 7200 次来找到一个符合条件的 t，如果找不到即可放弃。因此，在 PoS 机制中，一个账户的余额越多，在同等算力下，就越容易发现下一个区块。

PoS 共识算法的伪代码实现如表 4.1 所示。

如表 4.1 所示，一个简单的 PoS 共识算法的实现流程包括如下步骤。

(1)创建 N 个全节点(nodes)，节点的身份数据包含所持币的数量(token)，该数量的多少影响着其创建的区块最终被选为上链区块的可能性大小，所持币的币龄(days)以及节点地址(address)。

(2)每个节点在固定时间范围内均可将网络中的交易打包成块，附上自己的节点地址(NodeAddress)、成块时间戳(Timestamp)、区块哈希(Hash)等，然后各节点将自己产生的区块广播全网。

(3)在收到各节点广播的区块后组成一个候选区块数组(Blocks)，网络中会启动一个独立线程用于选择某个确定区块，选取步骤如下。

表 4.1 PoS 算法伪代码

```
PoS算法伪代码实现
1、createNode nodes[token,days,address]
      //创建N个节点，节点包含持币数量、持币时间和节点地址
2、candidate Blocks[Timestamp,Hash,PrevHash,NodeAddress,Data]Blocks
      //候选区块数组，保存各个节点广播的自生成的区块对象
      //每个区块包含区块生成的时间戳、区块Hash、父区块Hash、节点地址和区块数据
3、createstakeRecord[ ]StakeRecord
4、for each block∈ blocks
5、    for each node∈ nodes
6、        if node.address==block.NodeAddress
7、            coins=node.token
8、                for coin∈ coins
9、                    StakeRecord.push(block.NodeAddress)
      //若该区块地址事先已包含在StakeRecord中则不添加(该区块可能是重复块)
10、               end for
11、           end if
12、      end for
13、  end for
14、  createRand randInt
15、  newBlockAddress=StakeRecord[randInt]
16、  if newBlockAddress==block.NodeAddress
17、      broadcast block
18、  end if
19、  end
```

①对于候选区块数组中的每个区块，按照区块里包含的节点地址寻找到确定节点，并从确定节点中获取该节点所持币的数量；

②新建一个空数组 StakeRecord，对于每个节点，按照其拥有的代币数量，在数组中存储一样的节点地址；

③候选区块数组中的所有区块遍历完成以后，利用随机函数选取一个随机数 randInt，randInt 在 StakeRecord 数组中对应位置上存储的节点地址作为最终上链区块的节点地址；

④找到固定区块后进行上链并广播全网。

PoS 机制作为一种典型的共识理念，在一定程度上解决了 PoW 共识机制能耗大的问题，缩短了区块的产生时间和确认时间(例如点点币约 8.5 分钟产生一个区块)，提高了系统效率。但是 PoS 机制在实际应用时，如果出现网络同步性较差的情况，则极容易出现区块链分叉，从而影响结果的最终一致性。而恶意节点一旦成为区块的缔造者，其会通过控制网络通信而形成网络分区，再向不同的分区发送不同的构造区块，即形成了各分区维护的分布式账本不统一，使得“已交易费用”可能产生二次花费，危害区块链系统的安全。PoS 机制的落地应用关键在于选择合适的权益以及对应的验证算法，以保证系统的安全性和一致性(Nakamoto，2008)。PoS 机制的第一个实际的数字货币应用是点点币。2012 年 8 月 19 日，点点币文章问世，文章中提出了通过使用 PoS 机制来使系统中的节点达成共识，提高了网络安全性。点点币的提出是由于创始人 Sunny King 考虑到了 PoW 的缺陷(例如挖矿中的公地悲剧)，并且点点币是基于 PoW 和 PoS 混合机制而发布的，它的交易吞吐量和出块详情示例图如图 4.4 所示。

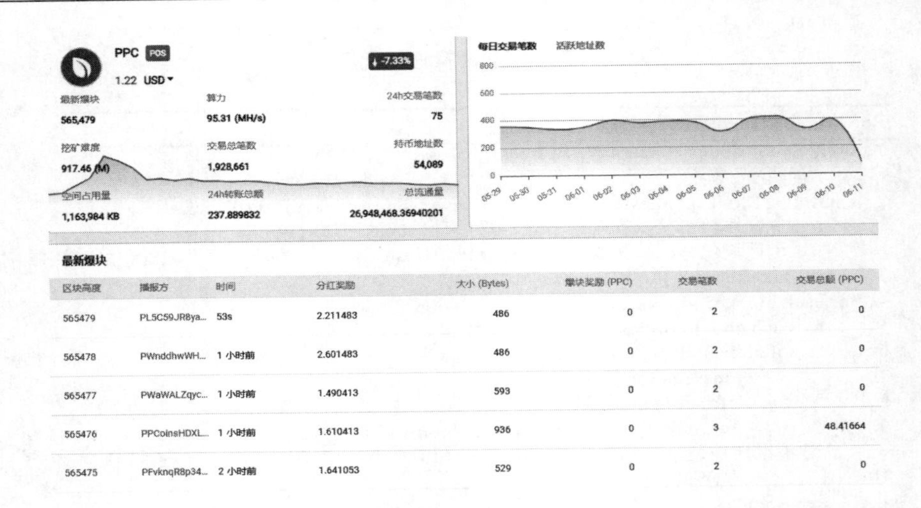

图 4.4　点点币交易吞吐量和出块详情示例图

在点点币中，区块被分为两种形式，分别是 PoW 区块和 PoS 区块。PoW 区块是为了颁发奖励，而 PoS 的引入确保了系统中的网络安全。为了实现 PoS 区块，点点币设计了一种特殊的交易，被称为利息币(coinstake)，在这种利息币的交易中，点点币的持有人可以消耗他的币龄获得利息，同时获得为网络产生一个区块和用 PoS 造币的优先权。在一个 PoS 区块的构造过程中，利息币的第一个输入被称为 Kernel，它需要符合某一 Hash 目标协议。在 PoS 区块中，与 PoW 区块有一个很大的区别，就是 Hash 目标协议要求的目标值不再是由算力在无限制的空间中寻找，而是持币人耗费自己钱包里的币龄在有限制的空间里寻找，Kernel 消耗的币龄越多，找到有效区块的难度就会越低。按照 PoS 挖矿理念，持币者首先可以将其没有参与交易的点点币存放在钱包里，点点币的设计中说明了只有存放在钱包里超过 30 天的币能用于计算公式，且存放 90 天的币的持币人拥有最大的可能性去铸造 PoS 区块。其中 PoS 的贡献主要在于对于出现分叉的区块链，不再是由长度最长的链作为主链，而是由币龄最长的链作为主链。对于恶意攻击者而言要想破坏点点币系统需要获得系统中较大数量的点点币，且铸造区块后相应币的币龄强制归零性质进一步保证了恶意攻击者不可持续攻击。

4.2.3　DPoS 算法

DPoS(delegated proof of stake)共识机制(Larimer et al.，2013)，即委托权益证明机制，是 PoS 的改进方案。最早是在 2014 年 4 月由 Bitshares 的首席开发者 Daniel Larimer(别称 BM)提出并应用。Daniel Larimer 早在 2010 年就指出了比特币中运用的 PoW 算法存在的问题，例如矿池的存在使得系统的算力更加集中、10 分钟一次的交易确认时间过长造成性能瓶颈等，所以他提出了一种新的共识算法，即 DPoS。

在常规 PoW 和 PoS 中，一个影响效率的地方是任何一个新加入的区块都需要被整个网络的所有节点确认。DPoS 作为一种基于投票选举的共识算法，其优化方案在于：通过不同的策略，不定时地选中一小群节点，这一小群节点彼此权力相等，按照既定的时间规则可以轮流获得记账权，并做新区块的验证、签名和相互监督工作，这样大幅度减少了区块创建和确认所需要消耗的时间和算力成本，同时小群节点间的相互监督也促使区块的生产者正确履行职责。

DPoS 的运行机制可以概括为如下步骤。

(1) 系统中的所有持币者选举出 N(一般超过 21) 名代理人，代理人作为服务器节点主要负责交易的打包成块和区块验证工作，所有代理人共同维护区块链系统的稳定发展。

(2) 代理人按照系统指定的生产顺序轮流产生区块，由于 DPoS 主链的选取规则依然是最长链原则，只要代理人中的诚实节点比代理人总人数的 2/3 多 1 个，系统就是安全可靠的。这是因为除正常状态(所有代理人均严格按照系统规则出块)的情况外，其他情况时系统维稳的原因如下：

①少数节点分叉，即不超过系统节点总数的 1/3 的恶意或故障节点创建了少数的分叉时，由于 DPoS 每 3 秒钟即可产生一个区块，故多数节点在相同时间内产生的区块会大于少数节点分叉产生的区块。

②离线少数节点的双重生产，即离线的少数节点试图产生多条分叉来竞争主链，但是按照出块速度的限制，其产生的分叉长度依然小于正常节点产生的链的长度。

③网络分片化，即由于网络原因，系统内各节点在短时间内产生的区块不能同步，造成了多个分叉，在此情况下，最长链将偏向最大的节点所在的区块链，当网络恢复后其他节点自动切换到该条链上。

④在线少数节点的双重生产，即少数节点在自己的时间段内不只产生一个区块，造成分叉，则其后的节点可以任意选择一个区块继续构建链条，将该链视为主链，另外的分叉区块不会影响系统的稳定。

⑤多数节点发生恶意行为，即它们可以产生很多数量的分叉，但是在这种情况下，依赖于少数诚实节点的作用，依然可以选出被最多节点认可的主链，并且在此种情况下，多数节点的恶意行为将导致系统内的所有股东通过投票选举出新的生产者。

在 DPoS 机制中，所有节点在注册成为区块的候选生产者时需要支付一笔保证金，当节点成为正式的生产者之后若发生了恶意行为，该节点将在下一轮投票中被剔除，其保证金也将被没收。这在很大程度上激励着区块生产者执行正确操作。

如表 4.2 所示为一个简单的 DPoS 共识算法的实现流程。

DPoS 算法按轮次进行，在每一轮次中，系统会重新统计得票排名，选举出最高的 N 个证人节点，然后各个证人节点轮流生产区块，一轮区块生成完毕后进入下一轮次，区块生产流程如下。

(1) 当前一个区块被添加到链上以后，寻找添加新块到区块链上的方法被提上“日程”。

(2) 利用 maint_needed 判断是否到了区块链维护时间，所谓区块链维护时间即每一轮次中最后一个代理人节点生成区块上链以后需要对证人节点的集合进行更新操作。

(3) 若到了区块链维护时间，则认为这一轮生成区块的过程已经结束，将进入下一轮次，则重新计算投票得到前 N 名证人集合数组 global_witness[ ]，并对 global_witness[ ] 中的数据进行 N 次随机交换得到 update_witness_schedule[ ]，其目的在于随机打乱 N 名证人生成区块的顺序，同时，会重新动态生成全局变量 global_props.next_maintenance_time

作为下一次区块链维护时间。

表 4.2 DPoS 算法伪代码

```
DPoS算法伪代码实现
  for round i ∈ rounds
  //DPoS分轮次进行，轮次无限持续
  if block j push to chain
  //当前一个区块被添加到链上以后
        bool maint_needed=(global_props.next_maintenance_time≤next_timestamp)
        if (maint_needed)
  //判断是否到了区块链维护时间，是则重新计算投票并选出新的证人集合并更新
            global_witness[]=get N witnesses sort by votes
            global_props.next_maintenance_time=dynamic_global_property_object.get()
            update_witness_schedule[]=random_change(global_witness[])
         end if
         for loop k ∈schedule_productions
  //每一轮次按照顺序生成区块
           result=get_slot_time==1&&get_slot_at_time==1
           && get_scheduled_witness(update_witness_schedule[],k)exists in this node
         create new_block=generate_block(when,witness.id,block_signing_private_key)
         if(check(new_block ))
             push new_block to chain
         else skip
         end if
         end for
    end for
```

(4) 若没到区块链维护时间，则认为正处于该轮次正常生成区块的过程。按照顺序生成下一个区块，调度证人生成区块流程如下：

①判断是否已经进入下一个区块生产时间槽的开始时刻，若已经进入则利用 get_scheduled_witness() 方法找到该区块生产时刻负责生产区块的证人来生成区块。

②上述①中条件满足的情况下则可以开始生成区块，利用 generate_block() 方法可以让证人节点收集网络中的交易并生成下一个区块，同时在区块上附上区块生成时间、证人 ID 和自己的私钥签名，并将该区块广播到证人集合中。

③证人集合中的其他节点收到区块后，利用证人节点 ID 对应的公钥验证区块签名是否正确，并进行投票。

④当生成区块的证人节点收到一定数量的验证通过投票以后，则将该区块添加到区块链上，若超出时间限制还没有收到足够的投票，则跳过该次区块生成过程。

基于 DPoS 共识机制的区块链落地应用有 Bitshares（比特股）、EOS 等。比特股是一个理想自由市场金融体系，其创造了一种新的名为多态数字资产（polymorphic digital asset，PDA）的金融产品。在比特股中，其扩展了比特币技术，在一个全新的点对点的多功能网络中，提供了很多传统货币功能，以及能够让比特币和其他常见金融资产共同使用的支票账户、储蓄账户和证券经纪工具。在比特股设计过程中，它期望引入一个技术民主层来减少中心化的负面影响，通过引入见证人（也叫代表）的概念，每个持有比特股的选民可以自由选择其信任的节点来代表签名，最后系统中选举出的前 N 位代表将成功当选为见证人，

N 需要满足被系统认为充分的去中心化，这个见证人名单每个维护周期更新一次，见证人之间权力相等，随机排列，在既定时间范围内拥有生成区块的权限(在既定时间范围之外生成的区块均被认为是无效区块)。作为一种理想自由市场金融体系，比特股的块链市场中交易形式丰富，矿工按照既定原则对块链市场中的交易进行打包获得红利。DPoS 共识机制的应用使系统具有很高的吞吐量，每秒可以处理数千个交易，系统延迟也降低到 1.5 秒，节点可以自由选择加入和退出，具有很强的可扩展性。比特股的投票人情况示例图如图 4.5 所示。

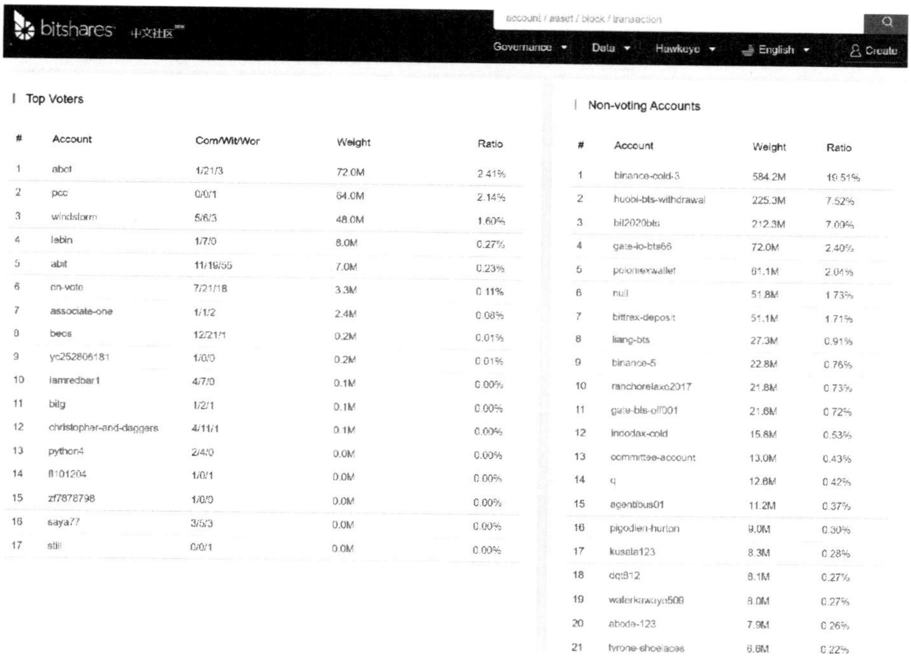

bitshares 中文社区

account / asset / block / transaction

Governance Data Hawkeye English Create

Top Voters

#	Account	Com/Wit/Wor	Weight	Ratio
1	abct	1/21/3	72.0M	2.41%
2	pcc	0/0/1	64.0M	2.14%
3	windstorm	5/6/3	48.0M	1.60%
4	lebin	1/7/0	8.0M	0.27%
5	abit	11/18/55	7.0M	0.23%
6	cn-vote	7/21/18	3.3M	0.11%
7	associate-one	1/1/2	2.4M	0.08%
8	becs	12/21/1	0.2M	0.01%
9	yc252806181	1/0/0	0.2M	0.01%
10	iamredbar1	4/7/0	0.1M	0.00%
11	bitg	1/2/1	0.1M	0.00%
12	christopher-and-daggers	4/11/1	0.1M	0.00%
13	python4	2/4/0	0.0M	0.00%
14	fl101204	1/0/1	0.0M	0.00%
15	zf7878798	1/0/0	0.0M	0.00%
16	saya77	3/5/3	0.0M	0.00%
17	still	0/0/1	0.0M	0.00%

Non-voting Accounts

#	Account	Weight	Ratio
1	binance-cold-3	584.2M	19.51%
2	huobi-bts-withdrawal	225.3M	7.52%
3	bil2020bts	212.3M	7.09%
4	gate-io-bts66	72.0M	2.40%
5	poloniexwallet	61.1M	2.04%
6	null	51.8M	1.73%
7	bittrex-deposit	51.1M	1.71%
8	liang-bts	27.3M	0.91%
9	binance-5	22.8M	0.76%
10	ranchorelaxo2017	21.8M	0.73%
11	gate-bts-off001	21.6M	0.72%
12	indodax-cold	15.8M	0.53%
13	committee-account	13.0M	0.43%
14	q	12.8M	0.42%
15	agentibus01	11.2M	0.37%
16	pigodien-hurton	9.0M	0.30%
17	kusala123	8.3M	0.28%
18	dqt812	8.1M	0.27%
19	waterkawayo509	8.0M	0.27%
20	aboda-123	7.9M	0.26%
21	tyrone-shoelaces	6.6M	0.22%

图 4.5 Bitshares 投票情况示例

在 EOS 中，选择 DPoS 共识机制的原因是其性能能满足支持百万级别用户、低延迟，且具有优良的串行性能和并行性能(在多个 CPU 和计算机之间划分工作负载)等。根据 DPoS 算法，全网持有 EOS 代币的人均可以通过投票系统来选择区块生产者，EOS 选举出的区块生产者(也称代表节点)的数量是 21 名，区块产生也以 21 个区块为一个周期，前 20 名出块者在首选过程中直接选出，第 21 位出块者则按投票数目对应概率选出，然后这 21 个生产者会根据从块时间导出的伪随机数进行混合，以保证出块者之间的连接尽量平衡。每个出块者在自己的授权时间内打包区块，如果未成功出块，则跳过该块，最后由系统检验未成功出块的生产者在最近 24 小时内是否产生过区块，如若没有，将其踢出出块者列表，维护系统安全。在 DPoS 算法中，一个交易平均 1.5 秒就会被写入区块链账本中并广播全网，这意味着一笔交易只要 1.5 秒就会有 99.9%的可能性被认定写入了区块链。EOS 在考虑分叉的情况下，认为一笔交易在 15 个区块产生之后是不可逆转的，即 EOS 中一笔交易经过 45 秒就会有 99.9%的可能性被认定写入了区块链。EOS 区块打包交易示例如图 4.6 所示。

图 4.6 EOS 区块打包交易示例

4.2.4 PBFT 算法

PBFT(practical Byzantine fault tolerance)共识机制(Castro and Liskov，2002)，即实用拜占庭容错算法，最早是由 Miguel Castro 和 Barbara Liskov 于 1999 年发明的，其解决了 BFT(拜占庭容错)问题，是一种状态机副本复制算法，即服务作为状态机在分布式系统的不同节点进行副本复制。每个状态机的副本都保存了服务的状态，同时也实现了服务的操作。关于 BFT 问题的解释可以查阅 1.1.1 节，这里主要阐述 PBFT 的算法流程。

PBFT 共识算法作为 BFT 的一种解决方案，主要用于联盟链中。为了描述方便，假设 $|R|=3f+1$，$|R|$是系统内节点的总数，这里 f 是有可能失效的副本的最大个数。尽管可以存在多于 $3f+1$ 个副本，但是额外的副本会降低性能，不能提高可靠性。在 PBFT 中，要求所有的副本节点共同维护一个状态，所有节点采取的行动一致，其通信原理如图 4.7 所示。

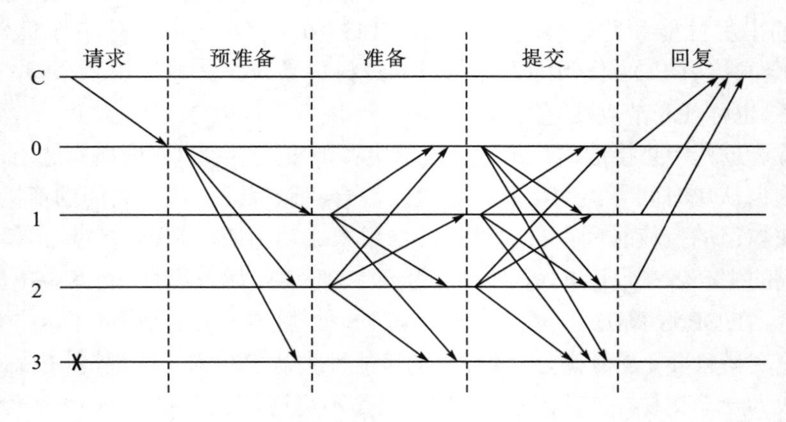

图 4.7 PBFT 通信原理图

在 PBFT 共识算法中有视图(view)的概念，视图是对当前共识状态的一种描述，每个视图下具有唯一的主节点，若主节点发生改变，则意味着视图编号也发生改变，视图切换的有关过程将在本节的后半部分进行描述。在每个视图状态下主节点按照 $p = v \bmod n$ 进行确定。作为举例，在图 4.7 中，C 表示客户端，0 表示主节点，1、2、3 表示从节点，其中 3 为故障节点。PBFT 中达成共识需要经过以下几个步骤：

(1) 请求：客户端 C 发送请求到主节点 0，发送的内容包括客户端追加的时间戳、请求的具体操作、客户端标识、消息内容等，在该过程中客户端需要对发送的请求进行签名以作后续验证。

(2) 预准备：节点 0 收到 C 的请求后先验证客户端签名是否正确，若请求签名非法则直接丢弃；若正确则为该请求分配一个编号 n 作为节点对请求的执行顺序，然后广播 $<<\text{PRE-PREPARE}, \text{v}, \text{n}, \text{d}>_{\sigma_i}, \text{m}>$ 消息至 1、2、3 节点，其中，PRE-PREPARE 表示当前信息所处的协议阶段，v 表示当前的视图编号，d 是消息 m 的摘要，m 是客户端发送的消息。主节点还需要在消息上进行签名，这一消息还将在视图转换过程中作为该客户端发送的请求在该视图下编号 n 的证明。

(3) 准备：1、2、3 节点收到PRE-PREPARE 消息后判断是否进入准备阶段的充要条件是：PRE-PREPARE 消息的签名及消息摘要验证正确，视图编号验证正确，当前视图 v 下没有接受过同一个请求编号 n 但是摘要不同的PRE-PREPARE 消息，该PRE-PREPARE 消息的编号 n 是在一个系统允许的区间范围内(为了防止作恶的主节点分配一个过大的请求序号耗尽请求序列空间)。当条件都满足时 1、2、3 节点将广播一条 $<\text{PREPARE}, \text{v}, \text{n}, \text{d}, \text{i}>_{\sigma_i}$ 消息(包括视图编号 v、请求编号 n、消息摘要 d、发送消息的节点 ID：i)给所有其他节点，并将 PRE-PREPARE 、PREPARE 消息保存到本地日志中，用于视图切换过程中恢复未完成的请求操作。在图 4.7 中，节点 3 因为出现故障而无法广播。

预准备和准备阶段是为了使所有正常节点对于在同一视图下的请求顺序达成一致，以避免主节点作恶向不同节点发送不同的请求编号。

(4) 提交：所有节点在准备阶段若收到超过一定数量(2f 个，其中 f 为可以容忍的拜占庭节点个数)的验证通过的 PREPARE 消息，则进入提交阶段，广播 $<\text{COMMIT}, \text{v}, \text{n}, \text{D(m)}, \text{i}>_{\sigma_i}$ 消息给所有节点。

(5) 回复：所有节点在收到COMMIT 消息后做如下校验，COMMIT 消息签名是否正确、COMMIT 消息中的视图编号是否等于当前视图编号、请求编号 n 是否在合理区间内。上述验证均通过后写入本地日志中，若收到超过一定数量(2f+1 个)的验证通过的 COMMIT 信息，且信息中的视图编号、请求编号、消息摘要与日志中存储的PREPARE 消息一致，则达到本地提交状态，节点将执行消息指定的操作并对客户端 C 进行反馈。

通过上述步骤，正常工作的节点(0、1、2)均能执行来自客户端的具体请求操作，即 0、1、2 节点之间达成了共识。

PBFT 共识算法要求系统中的总节点数 $N \geqslant 3f + 1$，其中 f 是故障拜占庭节点的个数。图 4.7 中节点 3 是故障节点，而如果主节点 0 是故障节点，系统依然能够正常工作的原因是客户端在有效时间内没有收到 $f + 1$ 个有效结果，则客户端将重新发送请求到所有节点，从节点收到后若请求从未执行，则将其转发给主节点 0，若在有效的时间内没有收到主节点 0 发送的PRE-PREPARE 消息，则说明主节点是故障节点，从节点将发送视图切换消息以触发视图切换，v+1 是新的视图值，从而在新的视图下产生新的主节点，如图 4.8 所示，视图更改的通信步骤如下所述。

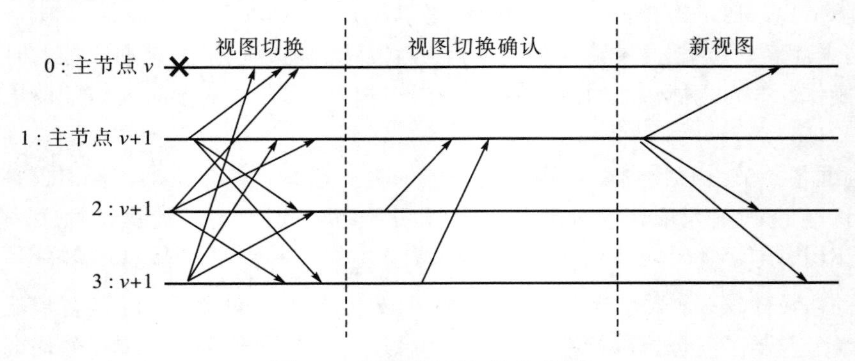

图 4.8　PBFT 视图切换协议图

(1)视图切换：当主节点无法提供正常服务(如服务器宕机、产出一个空块)时，其他共识节点(从节点)会自动触发视图切换协议，广播一个视图更改信息<VIEW-CHANGE, v+1,n,C,P,i>给所有的副本节点(包含当前视图下的主节点)。n 代表 i 当前的最新稳定检查点(checkpoint)，C 是 $2f$+1 个检查点(检查点是指按特定周期进行的对请求执行后得到的状态)消息<CHECKPOINT,n,d,i>集合，该集合能证明最新检查点 s 的正确性，P 是视图 v 下编号大于 n 且已到达准备状态的PRE-PREPARE 消息以及与之匹配的 $2f$ 个PREPARE 消息的集合。

(2)新视图节点收到来自其他 $2f$ 个节点的视图切换消息后，它将向其他节点广播 <NEW−VIEW,v+1,V,O>$_{\sigma_p}$ 消息，其中V 是一个包含 $2f$+1 个视图切换消息的集合，O 是一个PREPARE 消息集合。

(3)其他副本节点收到新视图下主节点发送的新视图消息时，需要做如下检测：主节点签名是否正确、新视图消息中包含的视图切换消息是否合法、由消息V 计算的O 与消息中的O 是否一致。条件均满足时副本选择最新的稳定检查点，删除该检查点之前的所有日志，并执行集合O 中的PRE-PREPARE 消息，执行步骤按照 PBFT 协议进行，如果该节点已执行过消息中包含的请求，则会跳过。

PBFT 共识算法解决了原始拜占庭容错算法效率不高的问题，算法的时间复杂度是 $O(n^2)$，其被广泛应用在实际应用系统中解决拜占庭容错问题，常见的采用 PBFT 共识算法的区块链应用有 Fabric、Tendermint、EOS 等。基于 Fabric 区块链构建的服务众多，如图 4.9 所示；Tendermint 共识算法比 PBFT 投票轮次少，共识过程示例图如图 4.10 所示。

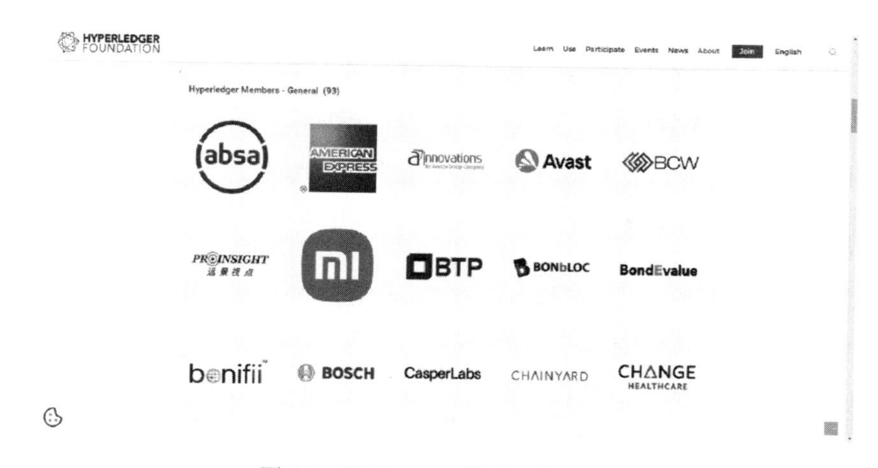

图 4.9　基于 Fabric 构建服务示例图

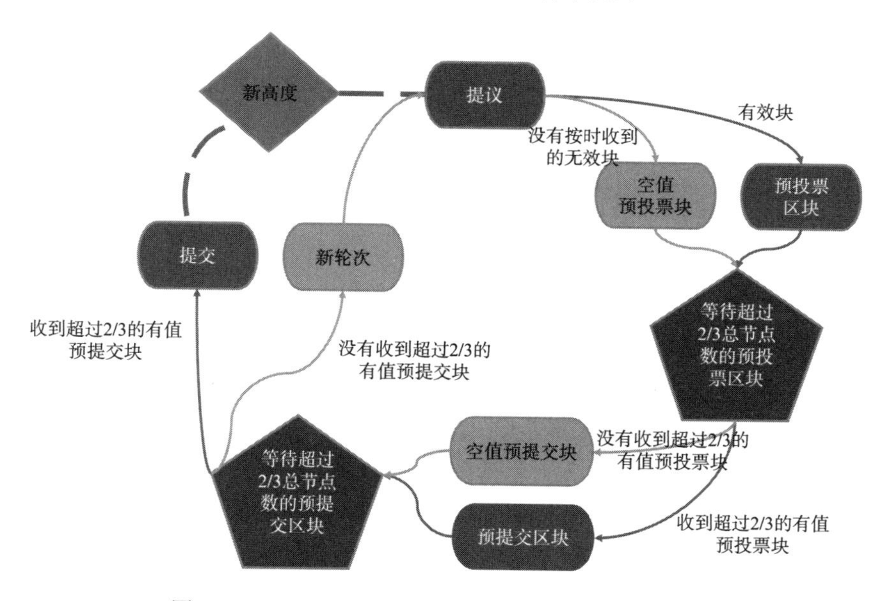

图 4.10　Tendermint 共识算法示例(Sawtooth，2021)

4.2.5　Ripple 算法

RPCA(the ripple protocol consensus algorithm，ripple 协议共识算法)(Schwartz et al., 2014)是使一组节点能够基于特殊节点列表形成共识的算法，该算法在 Ripple 共识协议中为了支持大规模的商业行为而成功应用。Ripple 作为一种基于互联网的开源支付协议，它可以实现去中心化的货币兑换、支付与清算功能。Ripple 共识协议是一种常见的一致性共识协议，所谓的一致性共识，其目的在于对一组交易系统中的所有节点(或服务器)不考虑交易发生的顺序以及是否成功发生，而对交易的状态或结果达成一致性同意，并将其写入本地的账本数据中。一致性算法往往需要考虑三个方面的性能：正确性、一致性和可用性。

针对拜占庭将军问题而产生的一致性算法在应用到分布式支付系统时，网络中所有节点通过同步通信达到一致会造成高延迟的消耗，而 Ripple 共识协议中应用的 RPCA 通过利用更大网络中的集体信任子网来避免这一同步通信的要求。

在 Ripple 网络中，参与共识过程的节点主要分为追踪节点和验证节点两类。追踪节点负责分发网络中的交易信息并响应相应客户端发出的账本请求，而验证节点不仅具有追踪节点包含的所有功能，还能够参与共识过程，并将通过共识协议的账本数据添加到本地账本中。

RPCA 是按轮次进行的，且在每个服务器上会配置一个唯一的节点列表(unique node list，UNL)，该列表中的成员被该服务器认为是可信任的，在达成一致性意见时，该服务器只会考虑列表中其他成员的投票结果，而不是考虑系统中所有节点的投票结果，提高了共识算法的效率。如图 4.11 所示，在每一轮共识过程中，按照以下步骤进行。

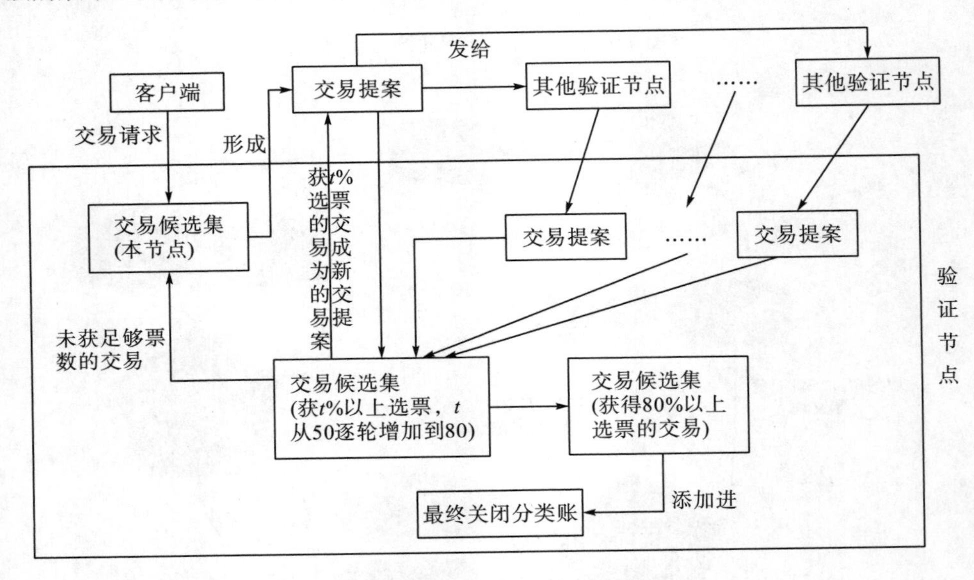

图 4.11 RPCA 共识的工作流程

(1) 初始化，每个验证节点将共识回合开始前产生的所有有效交易(包含新产生的交易和之前回合的共识过程中无法得到确认而被保留下来的)汇总成交易候选集(candidate set)。

(2) 每个验证节点将自己的候选集列表作为自己的一致性提案发送给其他验证节点。

(3) 每个验证节点按照自己的 UNL 列表合并候选集列表，并对所有事务的真实性进行投票。

(4) 在一定时间内，获得多于最小限制的同意票数的交易将进入下一轮，而未获得足够同意票数的交易则被丢弃，或纳入下一个共识过程开始时的候选集以待处理。

(5) 每个验证节点将达成指定阈值数同意票数的交易作为提案发送给其他验证节点，所有节点重复(3) (4) 两个步骤直至交易满足的最小限制同意票为 UNL 列表节点中的 80%，满足此要求的所有交易将写入节点的本地账本数据中，成为新的最终关闭分类账(last-closed ledger，代表网络的当前状态)。

一致性算法需要满足三个性能，在 RPCA 中这三个性能的验证过程如下。

(1) 正确性。由于只有得到每个验证节点的 UNL 列表中 80%的节点同意的交易才会被写入最终关闭分类账中，因此只要 UNL 列表中有 80%的节点为诚实节点，就能达成一致性共识。也就是说其满足的最大拜占庭节点容错数为 $(n-1)/5$（n 为 UNL 列表的节点总数）。但即使拜占庭节点个数为 $(n-1)/5+1$，该系统正确性也不会被破坏，因为欺诈性的交易依然得不到确认，这体现了 RPCA 的强准确性。

(2) 一致性。一致性要求无论验证节点的 UNL 是否有差异，其最终均支撑达成一致性共识，这是由子网络与其他子网络的连通性来保证的。要保证区块链不出现分叉，由定义的 UNL 最小阈值可知，必须确保区块链的每个子网络都与系统整个网络节点的 20%保持连通性，这是因为如果达到 20%的连通性，则一个子网络中通过共识得到的区块结果一定与整个网络得出的结果一致，不然达不到 RPCA 每一轮要求的共识阈值。

(3) 可用性。在 RPCA 算法的设计过程中，要求每个验证节点在接收 UNL 列表中其他节点的响应候选集时会存储其响应时间，若一个节点连续多次响应时间缓慢，则该节点将从 UNL 列表中剔除出去，这样就能保证 RPCA 的高性能沟通，也是保证 RPCA 平均每 3 秒产生一个区块的重要条件。

Ripple XRP（瑞波币）交易示例图如图 4.12 所示。

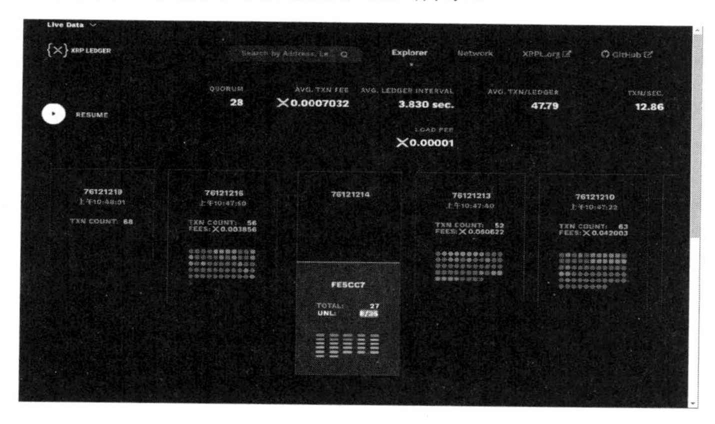

图 4.12　XRP 交易示例图

4.3　典型区块链算法评估

由前文可知，几种常用的区块链共识算法具有自己特定的产生背景及共识过程，针对几种共识算法进行算法评估得出结论如下。

(1) PoW。其优点在于采用的 SHA256 加密算法验证简单，破解难度大，易于实现；共识过程无需节点之间交换额外的数据；作为一种算力共识算法，容错性为全网算力的 50%，攻击者要成功破坏系统所需成本极大；系统可以连接大量节点。其缺点在于挖矿造成能源消耗巨大，如用电消耗；平均每 10 分钟出一个块，系统效率较低；出现分叉需要等待多个区块的连接才能确定，最终性没法得到保证；攻击者的算力占比一旦超过 50%，就会有被攻击的危险；由于算力集中的节点越多挖矿成功的概率越大，所以大矿池的出现降低了去中心化的程度。

(2) PoS。其优点在于相比于 PoW 而言解决了资源耗费巨大的问题，同时由于 PoS 竞争记账权的过程中利用 SHA256 算法添加寻求目标值的过程不再是在无限空间中寻找，所以间接性缩短了达成共识的时间。其缺点在于初始的代币分发较为模糊；由于只有选举出的矿工具有打包区块的权利，选举算法一旦被攻击成功，系统就会被操控；代币越多的人拥有越大的打包权利，且有利息，不利于去中心化；选举时有大量节点的网络对网络造成极大压力。

(3) DPoS。其优点在于相比于 PoS 而言选举范围大大缩小，减小了网络压力，所以可以大幅度提升选举效率，甚至可以将事务确认时间提升到秒级；选举出的节点具有打包记账的权利，且按照系统指定按时出块，故资源耗费少；系统吞吐量高。其缺点在于系统实现较为复杂，中间步骤较多容易产生安全漏洞；由于节点选举是在较小范围内，因此去中心化程度较低；共识机制还是依赖于代币，因此实际应用范围较小。

(4) PBFT。其优点在于是拜占庭容错共识算法，拜占庭节点容错数为 $(n-1)/3$，在异步的分布式系统中也具有活性和安全性；算法复杂度为多项式级，因此可以进行实际应用。其缺点在于仅仅适用于联盟链/私有链；通信复杂度为 $O(n^2)$，可扩展性较低；在网络环境不稳定的情况下延迟较大。

(5) Ripple。其优点在于在满足系统 UNL 节点连接要求时，任何时候都不会出现硬分叉情况，而按轮次的共识过程保证了交易能被实时处理，因此能保证系统的有效性和一致性；区块产生效率高，平均每 3 秒产生一个。其缺点在于易于遭受攻击，因为黑客可以伪造节点，甚至大量扩散潜伏再集中时间统一攻击；初始的特殊节点才具有对新加入节点的同意权限，去中心化程度较低。

4.4　其他区块链共识算法

除了上述所示的主流区块链常用共识算法以外，本节还列举了几个其他区块链网络所采用的共识算法，对每个算法流程进行简单描述。

Komodo (2021) 采用的延时工作量证明 (DPoW，delayed proof of work) 是 PoW 一致性算法的改进合作型共识算法，其利用比特币区块链的哈希算力，实现零知识隐私证明，以此增强网络安全性，可用于任何使用 UTXO 模型开发的独立区块链项目。在 DPoW 共识算法中有两类节点：正常节点和公证节点。公证节点是由 DPoW 区块链的权益持有者选举产生的，负责将第一个区块链的数据（主要是经过公证确认的块）添加到第二个区块链上，一旦添加后，该块的哈希值就被添加到由 $n/2+1$ (n 为公证节点个数) 个公证节点签署的比特币交易中，并将包含该比特币交易的区块数据写回到第一个区块链上，表明该记录已被网络中的大多数公证节点共识通过。DPoW 可以使用 PoW 或 PoS 共识方法工作，例如公证人集合产生块的过程按照一定顺序进行，在每个块产生过程中当前轮次的公证节点以当前区块高度的难度值挖矿，其余公证节点以 10 倍难度进行挖矿，而正常节点以 100 倍难度进行挖矿。DPoW 机制的设计还允许它在没有公证节点的情况下正常运行，与传统

PoW 机制相比而言，降低了高难度挖矿带来的消耗，一经公证，节点在比特币等第二区块链网络上签署的区块就被认为是不可逆转的，能有效抵抗 51%攻击。

PoA 最早是由 Gavin Wood 提出的协同型共识协议，是 PoS 共识算法的一种改进，被 Ethereum Kovan 和 Rinkeby 测试网采用，可用于公有区块链，但是通常用于私有链和许可链。PoA 共识算法中区块的打包是由预设定的 signer（授权节点）负责，在创世最初由系统指定授权一组 signer，并将它们的地址保存在创世块的 Extra 字段中（为了在不更改区块头数据结构的同时维护授权签名者列表）；在挖矿过程中，该组 signer 按照一定顺序对生成的区块进行签名并广播，签名结果也需要保存在新生成区块的区块头中的 Extra 字段里。除了签名外，还会更新当前高度已授权的所有 signer 列表的地址信息，为了保护每一高度对应生成顺序的区块生产者的权利，各个 signer 都可以生产区块，但是指定顺序的 signer 会生成难度值更高的区块，该区块会立即广播，而其他 signer 会生成难度值较低的区块且会延迟随机时间后再广播；在任意时刻若一个普通节点想要加入 signer 集合，该节点会通过 API 接口发起一个 proposal（提议），该 proposal 会指定想要替换的 signer 地址以及自己的新状态，signer 在一次区块打包的过程中，从 proposal 池中随机挑选一条 proposal，并将信息填入区块头中的 Coinbase 和 Nonce 字段，然后广播给其他节点，所有 signer 对该 proposal 进行投票，并将投票结果应用到本地。为了防止某些恶意节点不断地发起 proposal，PoA 设定了一个 epoch（时期）机制用于在每一个 epoch 过后所有节点将投票信息、统计信息等删除，并在区块头中填入当前节点维护的 signer 列表作为节点间的 signer 列表同步更新。

Sawtooth（2021）采用的 PoET（proof of elapsed time）共识算法最早由 Intel 公司在 2016 年提出，为拜占庭将军问题提供了一种解决方案，通常用于许可链网络。这种共识方案利用“可执行环境”如 TEE（trusted execution environment，可信执行环境）、（Intel software guard extensions，英特尔软件防护扩展）来提高现有解决方案的效率，在安全环境中运行可信代码的机制不仅使得内部的运行代码不能被外界攻击者破坏，也方便外部参与者进行验证。任意节点可通过下载 PoET SGX enclave（飞地）和区块链的 SPID 证书，利用 enclave 生成注册报告和身份证明，向网络中的已有验证者集合发送加入请求；已有验证者收到请求后对参与者的证明报告进行验证，验证通过则成为验证者集合中的成员。对于区块生成过程，验证者集合中的成员都有可能成为区块制造者，验证者从磁盘读取密封数据进行解密，再调用 createWaitTimer 函数，等待函数产生的持续时间，然后及时调用 createWaitCertification 函数，产生 waitCertificate，将（waitCertificate，signature，block，OPK，PPK）广播出去。其他的验证者验证该广播信息，一段时间内产生的 waitCertificate 可能不止一个，最后选举出的区块产生者为 waitCertificate.waitTimer.duration 值中最小的那一个。可以看到，PoET 的实现需要可信执行环境的支持，而参与者加入网络的代价低，去中心化效果良好。

Polkadot 采用的 NPoS（nominated proof of stake）最早于 2019 年提出，是 PoS 共识机制的一个重要改进。Polkadot 是一个可伸缩的异构多链系统，在 Polkadot 系统中有四个基本角色，分别是 collator（收集人）、fisherman（钓鱼人）、nominator（提名人）和 validator（验证人）。其中 collator 像全节点一样负责收集用户的交易并打包成块，将新块联合零知识证明一起提交给当前轮次的 validator。validator 是由持有 DoT(Polkadot 币)的 nominator 按照公平代表性投票原则选举出来的，validator 集合将自己的 DoT 以及投票获得的 DoT 一起作为押金。validator 主要负责区块的生产，例如将区块添加到自己负责的平行链上以及区块的验证等，完成相应任务后会按照押金份额获得激励，而相应的支持该 validator 的 nominator 也将按比例获得收益。虽然网络中的币在持续增长，但因为所有 nominator 可以公平地选择 validator，资产收益比例也是满足公平条件的。fisherman 不直接和区块打包的过程有关，它们主要用于检查网络中现有的参与方是否有非法行为产生，若正确地检查并提交报告则会获得相应奖励，奖励随着提出该非法行为的 fisherman 投票数的增多而增多。这种 NPoS 共识机制设计使得攻击者必须获得超过一定数量的 nominator 支持才能成为 validator，供给系统的成本很高，实现难度较大。

DBFT 是 NEO 区块链采用的一种通过代理投票来实现大规模节点参与共识的拜占庭容错共识机制，是对 PBFT 共识算法的改进，该共识算法的拜占庭容错能力为$(n-1)/3$(其中 n 为网络共识节点总数)，与 PBFT 存在的网络中节点数量增加带来通信消耗增大甚至造成堵塞的问题相比，DBFT 采用代理投票的方式仅有通过通证持有人投票选出的共识节点能够获得记账权。DBFT 共识算法在正常情况下可以快速达成共识，共识过程按轮次进行，每个视图下有一个议长节点，其余记账节点为议员节点，网络中所有节点将交易存放在自己的交易池中，议长节点在负责的轮次中打包交易成块并广播全网，议员节点对区块进行验证，验证通过则广播包含自身节点信息的PerpareResponse信息，任意节点收到$n-f$(f为拜占庭节点个数)个 PerpareResponse 则表明该轮次共识达成，然后将区块中包含的交易从本地内存池中剔除，开始下一轮共识。当前，NEO 的 DBFT 共识算法的记账节点是通过静态选出的，并完全由项目方部署，是一种弱中心化的共识机制，与 DPoS 机制类似，但是比 DPoS 的出块速度慢，要 15～20 秒产生一个区块。

被 IOST(internet of services token,服务互联网代币)采用的 PoB(proof- of-believable，置信度证明)共识算法是一种开创性的拜占庭共识协议，适用于分片区块链网络，采用 believable-first(即置信度优先)原则，保证系统的安全性和活跃性，且系统吞吐量也大大提高。在 IOST 系统中颁发的代币被称为 IOS 代币，主要用于所有交易的价值载体、使用资源时佣金费用的支付以及用户可信度分数的计算度量。在 PoB 共识算法中，所有验证者被分为高可信分组和普通分组两类，高可信分组中的验证节点在第一阶段快速处理网络中的交易，之后的第二阶段由普通分组中的验证节点对这些交易进行抽样和验证，以提供最终结果并确保可验证特性。高可信分组的选取由可信度得分确定，可信度得分的计算则由 IOS 代币余额、对系统的贡献价值量、网络行为等决定。IOST 系统的高吞吐量主要由网络分片以及高可信分组的分片来实现，在每个分片区块链中都有高可信分组和普通分组，而高可信分组成员又可以构成一些较小的分组，网络交易在这些分组中随机分配，并由普通分组对高可信分组成员的行为进行监督，较 PoS 而言更加去中心化。

IOTA (埃欧塔)是一个基于有向无环图(directed acyclic graph，DAG)的新型分布式分类账本，其中没有区块和链条，也没有矿工。IOTA 引入了一种基于 DAG 的新数据结构——Tangle，其中连接的节点是事务数据，而共识是系统的固有部分，与传统的矿工机制不同。IOTA 规定 Tangle 上的交易必须确认两个先前的交易来达成共识并自我调节该对等网络，在 IOTA 网络中有三种交易：已达成共识的交易(交易权重很大，即被网络以很高的确定性确认了的交易)、没有达成共识的交易(部分确定的交易)和末梢（tips）交易(未经验证的交易，即刚加入 DAG 网络的交易)。这就使得无论网络增长多少，IOTA 交易永远保持有效的方式，同时，由于 DAG 不受必须将交易加入到区块链末端的限制，将同步记账提升为异步记账，因此具有良好的高并发特性。由于网络中交易的传播有延迟，在同一时刻每个节点未必拥有相同的账本状态，这使得在新交易的验证过程中，可能有多个互相冲突的交易加入到 Tangle 中。IOTA 为确定交易的有效性借助快速概率共识的通信协议，使用了 tip 选择算法和投票机制。IOTA 研究表明 Tangle 相对于比特币区块链网络能更好地抵抗量子计算机的攻击。

除了上面描述的几种区块链共识算法以外，还有众多的共识算法，它们性能不一，被其他区块链系统根据需求采用，在此不再赘述。

4.5 本章小结

区块链系统的核心是公有系统中节点对记账权的竞争，这个竞争的过程称为共识机制。由此可见，共识机制在区块链技术中占据着核心地位，作为典型的区块链共识算法，PoW 共识算法帮助中本聪完成了比特币的设计，并将区块链技术推向了大众的视野；PoS 共识算法解决了比特币设计中算力等资源消耗过大的问题，但是在实际应用时需要重点考虑一致性问题；DPoS 共识算法作为 PoS 方案的改进，其引入见证人的概念使得区块达成共识的时间大大缩短，提高了系统的吞吐量；PBFT 共识算法作为一种典型的拜占庭容错算法，可被应用于异步的联盟链网络，在 FISCO BCOS、蚂蚁金服中均有实现；RPCA 共识算法最早在 Ripple 共识协议中出现，作为一种拜占庭容错共识算法，其依靠一种叫 UNL 的节点列表实现了子网络内部通信成本的降低。

典型的区块链共识算法发展历史悠久，对区块链技术本身的发展影响巨大，随着区块链技术不断地与产业相融合，针对不同应用场景选用不同的共识算法也成为一种常态，而共识算法本身也随着应用场景拓宽和网络技术进步得到了诸多改进，相信在未来，典型的区块链共识算法将在吞吐量和通信性能等方面有着更大提高。

参考文献

高政风，郑继来，汤舒扬，等，2020. 基于 DAG 的分布式账本共识机制研究. 软件学报，31(4)：1124-1142.

韩璇，刘亚敏，2017. 区块链技术中的共识机制研究. 信息网络安全，(9)：6.

逆月林，2021. 拜占庭共识 Tendermint 介绍及简单入门. https://blog.csdn.net/niyuelin1990/article/details/80537329.

魏翼飞，李晓东，于非，2019. 区块链原理、架构与应用. 北京：清华大学出版社.

小蚁 Neo 区块链，2021. NEO 白皮书-一种智能经济分布式网络. https://docs.neo.org/v2/docs/zh-cn/basic/whitepaper.html.

郑敏，王虹，刘洪，等，2019. 区块链共识算法研究综述. 信息网络安全，(7)：17.

Angelis S D，Aniello L，Baldoni R，et al.，2017. PBFT vs proof-of-authority：applying the CAP theorem to permissioned blockchain//

Italian Conference on Cybersecurity.

Bayer D，Haber S，Stornetta W S，1993. Improving the efficiency and reliability of digital time-stamping. New York: Springer.

Castro M，Liskov B，2002. Practical Byzantine fault tolerance and proactive recovery. ACM Transactions on Computer Systems，20(4): 398-461.

Dwork C，Naor M，1993. Pricing via processing or combatting junk mail. https://www.docin.com/p-1443997517.html.

Haber S，Stornetta W S，1991. How to time-stamp a digital document. Journal of Cryptology，3(2)：99-111.

IOST 社区，2021. IOST 白皮书中文版. https://zhuanlan.zhihu.com/p/36735144.

Komodo，2021. An advanced blockchain technology，focused on freedom. https://chainwhy.com/whitepaper/kmdwhitepaper.html.

Larimer D，Hoskinson C，Larimer S，2013. Bitshares：a peer-to-peer polymorphic digital asset exchange. Self-published Paper，(9):11.

Nakamoto S，2008. Bitcoin：a peer-to-peer electronic cash system. Technical Report. https://bitcoin.org/bitcoin.pdf .

Polkadot，2021. PolkaDotPaper. https://polkadot.network/whitepaper/.

Popov S，2016. The tangle. https://www.iotachina.com/wp-content/uploads/2016/11/2016112902003453.pdf.

Sawtooth，2021. PoET 1.0 共识. https://sawtooth.hyperledger.org/docs/1.2/.

Schwartz D，Youngs N，Britto A，2014. The ripple protocol consensus algorithm. https://ripple.com/files/ripple_consensus_whitepaper.pdf.

Wattenhofer R，2017. 区块链核心算法解析. 北京：电子工业出版社.

第五章　业务共识算法及典型运用

5.1　业务共识算法基础

5.1.1　业务共识发展

从古至今，人们一直都在寻求一种能够让群体对任何事情都能达成共识的方法，直到区块链技术的出现与普及，尤其是当下，共识已经成为时代发展的主题。特别是在业务共识方面，由于近年来大量有关区块链技术的应用在各行各业落地，业务共识已经成为区块链技术中的一个热门话题，对于区块链技术的侧重也逐渐由算力共识向业务共识的方向发生转变。

1. 从算力共识到业务共识

所谓算力共识即基于计算机算力进行区块链共识，相应的业务共识以业务执行流程为核心进行共识流程，二者的典型代表分别是公有链与联盟链（Eyal et al.，2016）。

目前市场上大大小小的底层公有链有 40 多个，每个公有链的功能和应用也层出不穷，在不断竞争中，各大公有链形成了割据的局面。以以太坊为例，作为区块链 2.0 智能合约开创者，目前不能满足市场的需求，一款加密猫游戏、一个 ICO（initial coin offering，首次币发行）就可以让以太坊发生网络拥挤。在一定程度上，可以说现在的区块链还处于 DOS（disk operating system，磁盘操作系统）黑白机时代，只能处理一下简单的 Word、Excel，大型应用根本无法运行，造成的结果只能是硬盘烧毁、内存崩溃。公有链的割据趋势，就像我们对计算机操作系统以及手机操作系统的需求一般，市面上的 Windows、MAC、IOS、Android，将来也会在区块链领域以底层公有链的形式形成割据局面，这是我们最终希望看到的景象，我们希望公有链能够安全、流畅、兼容。

众所周知，目前行业的主要问题就是要解决性能与安全、去中心化之间的矛盾。以太坊就是一个典型的去中心化平台，它去中心化的程度丝毫不亚于比特币平台，但仍存在运行速度方面的缺陷。后面陆续出现的很多区块链平台，由于要改善速度问题，所以都采用了代理机制，比如说 EOS 是 DPoS 的共识机制、NEO 是 DBFT 的共识机制。这些机制可以使性能大幅度提高，但是同时却损失了去中心化的特性，这就导致我们没有办法在上面开发大量应用，因为它们的公信力受到了质疑。

随着公有链在应用过程中的一些问题逐渐显现，我们会看到的一个主要趋势就是业务共识的崛起。由于仅对共识算法本身进行改进没有办法从根本上解决实际场景中显现的性能和去中心化之间的矛盾，所以市场上以业务共识为主体的区块链应用多数基于联盟链。

首先，从性能方面来说，基于业务共识的区块链技术在架构上直接摒弃了区块链技术的串行链技术，而是将网状 P2P 和串行链技术相结合，形成域分层立体区块链结构，不仅有效避免了 Bitcoin 和 Ethreum 所遇到的安全和流量问题，而且大大提升了交易效率，能实现毫秒级的交易达成，并大大降低节点记账和验证压力，这也是分级所带来的优势。其次，在落地场景设计方面，基于业务共识的区块链应用涉及各个领域，应用前景广阔。最后，在安全方面，公有链上的代币不仅会有分叉的问题，还有代币丢失的风险，而业务共识保证了在业务流程中，不会因为容量、算力的问题导致分叉，并且从逻辑架构上避免了拜占庭容错的问题。

2. 业务共识在技术层面的发展

区块链最大的技术优势是不可篡改、可追溯、达成共识。实际上，组成区块链的所有技术都是已经存在并且成熟的，其巧妙之处就在于架构上的创新，通过一种巧妙的方法将它们组合形成一个技术体系(Buterin，2014)。

从技术角度来看，区块链是一个分布式的账本。对于企业间形成追溯关系、企业数据不可被篡改等诉求，原来并没有一个技术可以很好地实现，但现在通过区块链就可以实现。例如，数字存证、食品溯源等都是很好的应用场景。

参与联盟链的各方在合作之前可能会存在一些顾虑进而阻碍合作，但依托于区块链的相关技术可以形成一个共识体系，各参与方都可以信任基于某个共识算法的区块链基础设施，因此所有的业务模式都可以逐步实现。简而言之，通过算法或机器能够形成业务共识是区块链应用于各行各业的最大优势。

当前热门的新兴技术类似于人体系统的构造，大数据就是人体系统中最为重要的血液；云计算是一个巨大的引擎，扮演心脏的角色，提供大量的计算能力；人工智能作为系统大脑，对数据进行分析和挖掘；物联网就是各个器官，通过大量且类型繁多的传感器收集数据；区块链则是神经系统(Dwork et al.，1988)，将以上几部分有机和谐地连接起来，而其有机和谐的本质源自于其共识的特性。在区块链技术出现之前，这些技术都是相对独立的，没有实现一种完全的融合并以一种新的形式呈现。因此，它们都需要一个相互协作的平台，能够达成技术层面的共识。而通过建立区块链基础设施技术体系，就能够把这些技术完全融合在一起，实现业务共识基础下的合作共赢。

3. 业务共识在实际应用中的发展

目前，从整体上看，社会信用环境还比较弱，构建信用的成本比较高，因此相应地在实际应用中构建业务共识场景的条件相对苛刻。区块链技术凭借一套成本较低的“信任”解决方案，降低了业务信用成本，而基于区块链共识机制的业务共识观念(Eyal，2015)的出现，使得有关业务共识的实际应用越来越多。只有所有参与者都遵循这样一种业务共识的观念，才能推动实际业务持续走向更深层次，从而促进信用经济的发展。

1)业务共识推动交易达成

长期以来，经济学家都在研究人类在面对一笔交易时，如何做决策、如何行事、如何实现价值交换等问题。与此同时，他们还研究了一些能够促进团体交易的体制，如市场、法律等。即便如此，仍没有找到较为完美的解决办法。

早期，诺贝尔经济学奖得主道格拉斯·诺斯在研究中提出了“新体制经济学”，他这里讲到的“体制”实际上就像是宪法一样的正式规则。他希望借助这种润滑油一般的体制促进经济这个巨大的车轮运转。道格拉斯·诺斯所研究问题的核心就是构建一种全新的体制，以减少过程中存在的不确定性，实现所有类型的价值交换。

如今区块链技术的诞生，以其全新的共识机制，从根本上改变了人们实现价值交换的方式，区块链技术为参与者之间创造了一个坚实而稳定的信任关系。在区块链网络中，所有的节点无须相互认识或信任，都有能力基于区块链的共识机制相互监视与验证，也不必担心数据安全问题。这些优势在区块链落地应用中的表现即为业务共识进一步推动业务交易达成。

2）业务共识加强合作紧密度

在业务共识观点下建立起来的合作是一种无信任的合作方式（Eyal et al.，2015），业务共识中所谓的“共识”是最基础的共识，也是市场交易的前提。区块链业务共识观念给现实经济带来了更多的指向性，在这样的思维下，强调先与用户达成共识，而后采用产品与服务，即业务共识是业务流程稳步推进的前提。这种观念表现在营销中，是一种提前锁定参与方的策略；表现在商业模式中，可以将参与方纳入产业链之中；表现在管理中，参与方可以参与到监管环节之中。

4. 业务共识在标准方面的发展

2018年9月21日，《区块链3.0共识蓝皮书》在2018国际数字经济博览会——区块链产融峰会正式发布，该蓝皮书由清华x-lab青藤链盟研究院、中国电子商会区块链专委会、链塔智库、中国移动通信联合会国际区块链创新联盟等机构联合编写，且对共识问题做了以下描述。

1）区块链3.0——技术共识

大力发展区块链3.0技术创新，构建主权区块链底层开源开发平台。联合高校、科研院所以及计算机、互联网、区块链、人工智能、物联网领域高新技术企业，重点攻克高并发、低能耗的并行分布式数据账本底层技术，结合物联网、人工智能等前沿科研成果，形成安全、智能、标准化、可大规模商业化应用的区块链3.0技术生态。

2）区块链3.0——产业共识

区块链3.0技术赋能实体经济，为企业转型升级提供创新服务。通过区块链3.0票改，即实物资产上链完成数权票证化改造，引入第三方成熟的供应链金融和消费金融服务机构，帮助实体企业解决融资难、融资贵、库存积压、销路不畅的难题。特别是帮助外贸出口企业打开外贸市场，减少贸易战带来的重大损失。推动政府制定产业政策，发起产业扶持基金，建设产业基地、科研实验室。

3）区块链3.0——治理共识

围绕数字经济发展，推动创新数字治理。全面“拥抱”监管，重点发展无币区块链应用及区块链3.0票证化改造。依托高校、行业商协会、政府，推动面向数字经济时代金融、法治领域的沙盒创新监管模式。推动完善实物资产上链确权、追踪、交易、变更、行权等相关金融、法治建设。推动政府成立一批面向未来的区块链3.0数权资产交易试点平台、数权经济法律服务试点平台。

区块链 3.0 合作组织以推动人类命运共同体的建设和发展为宗旨，联合认同区块链 3.0 共识的组织和个人，共建共治共享合作平台。下设区块链 3.0 研究院，基于区块链 3.0 技术，探索非营利性社会组织的内部数字治理模式。重点推动区块链 3.0 赋能实体经济共识发展，推动全球自由平等数字经济体系和跨国界人类数权世界的建设。

5.1.2 业务共识场景

区块链业务共识场景主要包含以下几个方面。

1) 数字版权领域

当前，版权问题严重，各种抄袭、原创作品被洗稿、作品被盗用等不良行为影响了版权领域的安定，再加上当前互联网得到全面普及和应用，每天有数以万亿的数字内容在互联网中“裸奔”。当前版权保护领域存在的痛点亟待解决。

2) 医疗领域

当前医疗领域的发展水平虽然较过去有了极大的改善和提升，但在诸多方面依然存在许多亟待解决的问题，如医疗数据孤岛、患者隐私泄露、药品伪造等。业务共识模式无异于一剂良药，能够有效地解决这些难题。

3) 物流领域

目前各类电商异军突起，由此也带来了物流行业的蓬勃发展。然而，在物流业蒸蒸日上、一派繁荣之际，许多问题悄然而生，如丢件漏件问题严重、伪签行为频发，而区块链业务共识的出现可以为物流领域赋能，解决行业中的难点、痛点。

4) 工业领域

工业领域的发展先后经历了四个阶段，即机械制造的工业 1.0 时代、电气自动化的工业 2.0 时代、电子信息化的工业 3.0 时代、人工智能化的工业 4.0 时代，虽然工业领域随着不同时代的发展有了很大的进步，并且给我们的生活带来了诸多便利，但这依然是工业领域发展道路上的其中一个阶段，并不代表工业领域的发展已经到达顶峰。业务共识思维应用于工业领域，将成为推动工业领域向前迈进的重要“臂膀”。

5) 公益慈善领域

公益慈善本身是一项可以提升社会公信力的事业，然而，随着“诈捐门”事件频出，再加上有人借着公益事业博取他人同情的同时，用欺诈手段骗捐，这些恶劣行径无疑给热衷于公益慈善的民众当头一棒，因此，在整个捐款过程中，明确捐助款项的流向与使用情况尤为重要。业务共识应用于公益慈善领域，可以推动公益事业的发展，由于区块链的自身特性，支持对捐献资产的溯源、存证，诸如诈捐、骗捐等问题都将迎刃而解。

6) 智能交通领域

目前，交通拥堵成为全球性问题，并由此而引发的交管问题、环境污染等成为亟待解决的问题。

5.1.3 业务共识问题

共识机制是保证区块链实现分布式信任职能(Eyal et al., 2015)的核心。业务共识如何在健壮性(去中心化)、效率、安全之间达到完美平衡来满足业务要求，是业务共识研究的主要课题。

在当前基础设施条件下，三者必须要有所取舍。因此，相比于追求大一统的共识，在分应用、分场景的条件下进行探索，针对足够具体和细分的场景与假设，选取和定制满足当前需求的共识算法不失为一种更好的策略。但是即使在这样的条件下，我们仍发现当前可选的共识算法很难满足业务需求：不能即插即用，不仅需要针对性的定制改造，同时常常还需要业务做出“不可理喻”的妥协。

归根结底，当前可选的可用共识、共识的功能、共识的模块化和通用化(Eyal et al., 2014)、共识的最佳实践等还存在发展不成熟的问题，业务共识的实现在许多方面还需要进一步发展。

5.2 业务共识算法

Hedera 共识服务(Hedera consensus service，HCS)结合 Hedera 节点和状态证明，通过提供这两类服务，从而统一了公共和私有 DLT(distributed ledger technology)市场。许多开发人员已经构建了在专用计算机上本地运行的集中式应用程序。Hedera 共识服务允许它们使用一个公共分布式网络来进行快速、公平、低成本的交易排序，这个排序是不可改变的。此外，HCS 提供了代码执行的分布式信任，而不需要智能合约。本质上，HCS 允许开发人员将自己的本地服务添加到公共 Hedera 分类账中。应用程序的状态不是存储在公共账本上，而是存储在一台私人计算机中。本地服务的计算并不在公共账本上执行，而是在一台私人计算机上进行。因此，这两种功能都不需要占用公共账本的资源。

公用台账和专用台账都需要 2/3 以上的计算机操作员诚实才能保证网络可信。但当使用 HCS 时，仅需在公共方面(Hedera 网络)确保拥有 2/3 以上的诚实计算机节点即可。在私有方面，没有一台计算机必须诚实，因为它们可以根据来自公共网络的状态证明来证明自己的计算是正确的。任何计算机都可以用密码证明它的行为是正确的，因此它可以像公共网络一样获得信任。

HCS 使得现有的集中平台(如现有的拍卖网站、股票交易所和 MMO 游戏)能够在保持集中的隐私和性能的同时，获得分散的信任。而且，使用像 Hyperledger 这样的 DLT 平台的应用程序可以使用 HCS，从而获得公共网络的所有好处。

Hedera 业务共识服务：

(1)提供公用网络的分布式信任。

(2)使开发人员能够在高效和低成本的专用中央服务器上构建本机应用程序。

(3)在保护私有服务器中私有信息的同时，允许使用公共网络进行信任。

(4)消除与创建专用网络相关的前期和持续成本。

智能合约和应用程序状态直接执行并存储在分布式账本的节点上。因此，所有 DApp 必须共享节点上的计算资源和文件存储，并且智能合约中的所有信息都是公开的。Hedera 智能合约当前架构如图 5.1 所示。

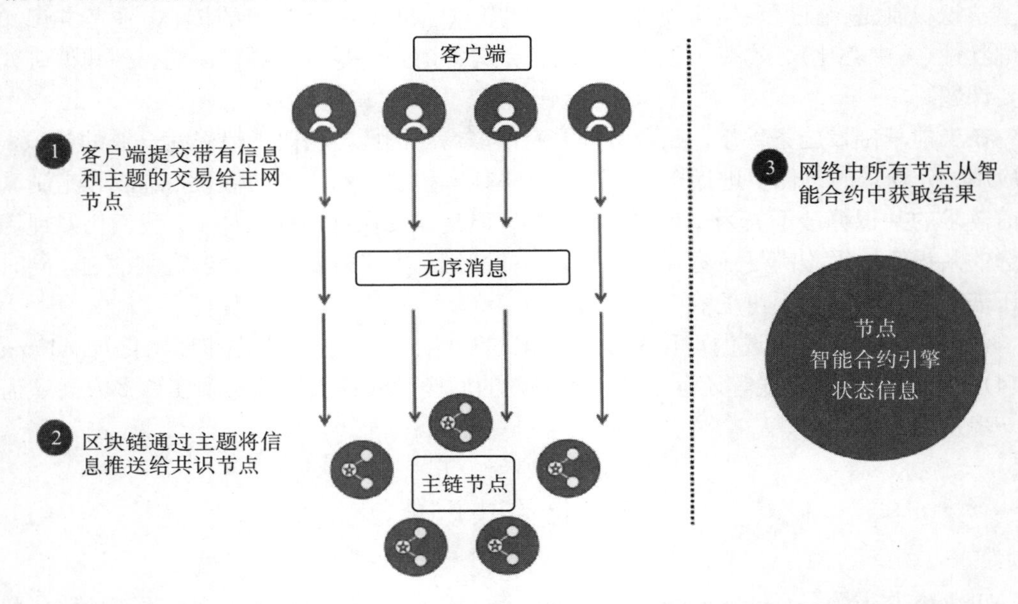

图 5.1 智能合约的当前架构

分布式应用程序可以在专用服务器上执行，私有信息仍然是私有的。带有 Mirror（镜像）节点的 Hedera 协商共识流程如图 5.2 所示。

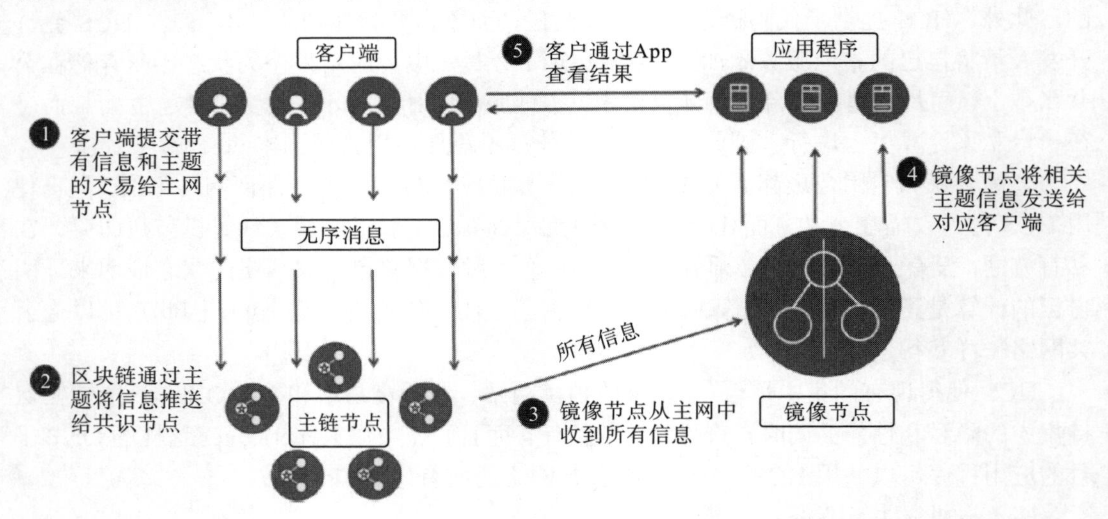

图 5.2 带有 Mirror 节点的 Hedera 协商共识服务

(1) 应用程序客户端将带有消息和主题的交易提交到主节点。

(2) Hedera 网络将消息按照一致的顺序排列。

(3) Mirror 节点接收来自主节点的所有信息。

(4) Mirror 节点发送应用程序主题的消息。

(5) 应用程序执行业务逻辑，并将结果发送到客户端软件。

HCS 将信息按照一致的顺序排列。为了确保应用程序正确地处理交易事务(例如，可以将代码执行托付给应用程序)，有多种可用选项。

1) 单节点的解决方案

(1) 如果应用程序代码可用，则可以选择运行应用程序的副本，并从任何 Mirror 节点中处理相同的交易。这样任何人都可以检查应用程序代码的准确性。因此只需要一个诚实的参与者来确保计算的完整性。

(2) 如果应用程序代码不可公开使用，但是允许审核员运行应用程序的副本，那么审核员可以验证交易的正确处理结构。

2) 多节点的解决方案

可以创建一个应用程序节点网络，这些应用程序节点接收来自本地 Mirror 节点的消息流。应用程序节点和 Mirror 节点的集合称为应用程序网络：appnet。只要一个应用程序节点操作符是诚实的，就可以检测到消息流的错误处理。如果引发争议，可以对消息流的处理过程执行审计。消息流被保证是防篡改证明，因为状态证明是基于来自主节点的签名生成的。

当使用超账本结构时，应用程序更容易创建。Fabric 可以帮助管理计算机集，即它们如何连接以及它们如何协同工作。

5.3 业务共识算法典型运用

1. 国际银行领域与跨境支付

根据埃森哲对全球银行业高管的调查显示，区块链技术的探索及应用目前仍处于初始阶段。结合区块链技术的核心优势及应用场景(Garay et al.，2015)，高管期待区块链为其自身经营带来的改善主要体现在更低的交易摩擦成本(19%)、更低的行政管理成本(18%)、更短的交易时间(17%)、减少业务错误(16%)、带来新的盈利增长点(15%)、更低的融资成本(15%)等。高管认为，区块链技术应用的重要前提是全局布局。技术应触及银行、互联网巨头及商业客户，才能为现有的支付、清算体系带来颠覆式革新。银行内部制度、法律、安全部门等的疑虑为区块链技术的大规模推行带来了一定阻碍。

区块链技术有望对金融机构的底层数据运行及共享机制产生深远影响。目前，其在商业银行的资产业务、负债业务及中间业务等方面均有部分应用，但以资产业务和中间业务为主。区块链在中间业务的应用主要包括跨境支付、实时交易系统、存托凭证及银行间清算结算等支付体系的改革与应用。资产业务的应用优先在对公业务中进行了探索。对公业务的债券投资、跨境贸易贷款、供应链贷款等涉及多方主体的业务成为区块链应用的重要领域。

全球领先的资产服务商纽约梅隆银行(BNY Mellon)已开发了一个测试版区块链系

统，其可用于创建银行经纪业务交易的备份记录。这个名为“BDS 360”的新系统，其目的是作为银行现有交易记录系统的一个“备胎”，即当银行第一层交易记录系统变得不可用时，该系统就顶替而上。这一系统是纽约梅隆银行区块链研究的一部分，也是该银行与R3分布式账本联盟的内部合作项目(即“结算币”项目)的一部分。

国际大型银行巴克莱银行在之前的工作报告中表示，其两个合作伙伴(农业合作社Ornua和食品经销商Seychelles贸易公司)已经能够成功通过一个区块链平台来转移贸易文件，该平台由Wave一手创建并维护运行。Wave是一家以色列创业公司，于去年秋季从巴克莱银行的TechStars Fintech加速器项目中毕业，当时，该公司正在使用基于某种区块链的定制技术来推动贸易文件的转移。在声明中，巴克莱贸易和营运资本主管拜哈斯·巴格达迪(Baihas Baghdadi)表示，该项目证实了向分布式账本系统中添加多方机构能够消除国际贸易面临的一个“最令人头痛的问题”，即用于跟踪和验证交易的纸质文件的转移。

供应链融资是银行基于对核心企业的信用认可，对其供应链(Garcia-Molina，1982)上下游的企业提供相应融资服务，其具体模式包括应收账款融资、库存融资及预付款融资等。截至2019年末，供应链金融市场规模约14.33万亿元，年增速为4.5%～5%，具有广阔应用场景。供应链融资当前面临的主要难点包括以下方面。一是供应链上企业间的信息并不互通。企业的经营系统及内部财务系统并不存在自动的信息传递机制，企业间信息传递存在一定难度。二是核心企业的信用只能传导至核心一级供应商。应收账款建立在企业与企业间，建立在应收账款融资模式上的业务无法传递至下游供应商。三是缺乏可信的贸易场景。银行面对供应链中的企业，处于信息弱势地位。应收账款、库存、预付款等记录无法呈现全面的贸易场景，且存在造假风险，造成了银行在发展该类业务时持谨慎态度。

区块链技术基于其特征，在一定程度上可解决供应链融资中企业间的信息不互通、信用传导不到位、缺乏可信贸易场景的业务难点，业务模式如图5.3所示。区块链技术使得企业间的实际交易信息“上链”，包括其债权债务关系、贸易记录、合同发票及库存信息等。银行面对的是真实可信的贸易场景，在时间轴上对该链条的交易进行评估。同时，企业间的债权形成数字债权凭证，该凭证可进行拆分和转让，每一级供应商均可按业务需要选择持有到期、融资卖出或债权转让以满足自身融资需求。

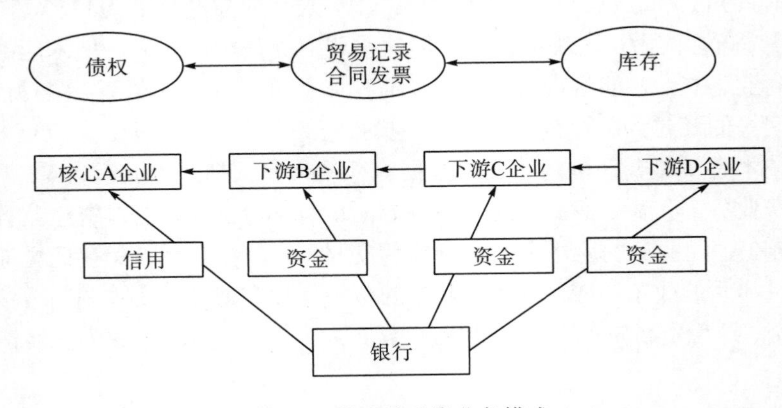

图5.3 供应链融资业务模式

跨境支付涉及汇款行、收款行和代理行。跨境支付业务的痛点包括手续费高、交易速度慢、存在交易风险及价值波动等。信息和钱款的流通依赖于代理行，须经过每一步骤的确认和记账，才能进行下一步骤。交易时间带来了额外的价值波动风险。将区块链技术应用于跨境支付业务中，可有效提升跨境业务的服务效率。跨境支付架构图如图 5.4 所示。一是汇款行与收款行点对点交易，省去了代理行造成的时间和资金成本，提高跨境支付效率；二是支持“7×24”交易，不受时差与节假日影响；三是实现汇款行和收款行的实时销账；四是支持实时查询交易转账状态；五是数据存储相对安全。

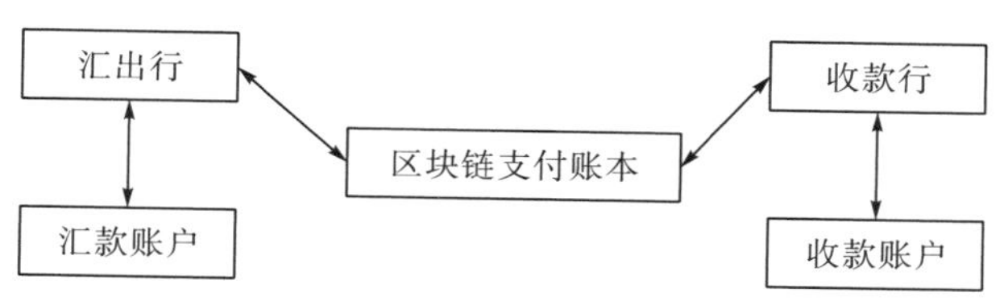

图 5.4　区块链跨境支付架构图

区块链跨境支付系统充分利用区块链分布式数据存储、点对点传输、共识机制等技术，加密共享交易信息，完成行业内应用系统与区块链平台的整合，实现了新技术与传统业务的有机融合和新系统与现有应用系统的无缝衔接，突破了原有国际支付的报文网络和底层技术，在区块链智能合约中实现了独特的支付业务逻辑，并支持后续业务扩展、升级。

2. 电商巨头亚马逊(Amazon)的供应链构建

早在 2016 年 5 月，亚马逊 WEB 服务(Amazon web services，AWS)就宣布与区块链初创公司及金融机构合作，推出了一系列区块链技术的应用，为企业客户提供专业技术支持和基础设施。2017 年，亚马逊在 Marketplace 上托管了 Corda，使得客户可以在 R3 开发的区块链上部署和使用 DApp。同年 5 月，亚马逊宣布与在以太坊上构建企业区块链的 Kaleido 公司达成合作，Kaleido 将专注于为 AWS 客户提供服务。虽然亚马逊的区块链建设始于与众多区块链解决方案提供商的合作，但其新产品始终是由 AWS 团队独家开发。2018 年，亚马逊推出了独家研发的 AWS 区块链模板。若客户希望通过简单设置就管理自己的区块链网络，那么该区块链模板是理想之选。同时，亚马逊将此区块链模板应用于其全球范围内的电商业务(Heilman et al.，2015)，为其在物流供应、产品溯源、网上交易等方面注入强劲动力。

该区块链模板的应用案例主要体现在物品追踪、信用证、记录系统三个方面。

1)物品追踪

物品追踪是指识别所有产品库存的过去和现在位置以及产品保管历史的能力。追踪与跟踪对于当今的供应链而言通常是一个挑战，原因是过时的纸张处理过程和脱节的数据系统使通信速度放慢。数据兼容性的缺乏使供应链面临可见性差距、供需预测不正确、人为错误、伪造和违规等问题，如图 5.5(图源 AWS 官网)所示。

借助 AWS 区块链系统，整个供应链网络都可以将更新内容记录到单个共享分类账中，从而提供总体数据可见性和单个真实来源。由于事务总是带有时间戳且是最新的，因此公司可以在任何时间点查询产品的状态和位置。这有助于解决假冒商品、违规、延误和浪费等问题。公司还可以与客户共享追踪与跟踪数据，以此来验证产品的真实性和供应链实践的道德性，如图 5.6(图源 AWS 官网)所示。

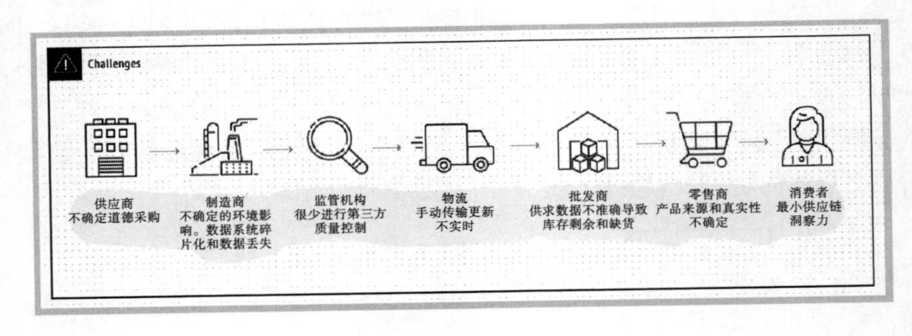

图 5.5　传统供应链现状图

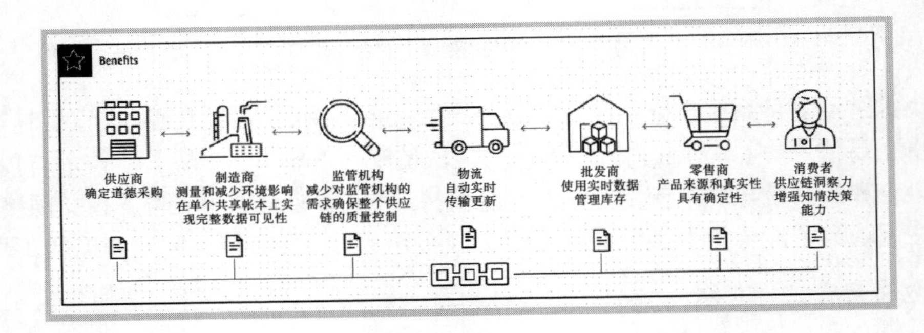

图 5.6　AWS 供应链结构图

2)信用证

信用证就是本票证，用于减少买卖双方之间的交易风险，通常用于国际交易。只要满足交易的所有条件，信用证就能确保卖方得到付款。信用证的复杂性源于多方必须多次交换和审查同一份文件。在区块链网络上，所有各方都可以访问已对账分类账文档和更新的从开始到结束的实时视图。分类账消除了对电子邮件发送、传真和邮寄文档这些传统方式的需求，而其不变性确保了法律文档必需的安全性和可信度。实施区块链，信用证处理以前需要经过多个步骤用多个工作日完成，而现在减少到了几个小时。信用证颁发流程及详细描述如图 5.7、图 5.8(图源 AWS 官网)所示。

3)记录系统

企业通常需要具有审计功能的记录应用程序来跟踪关键数据，例如跨银行账户的贷方和借方交易、内部合规性和监管数据或完整的资产历史记录(例如车辆维护或药品生产记录)(Karame et al.，2012)。此类应用程序通常使用传统数据库来实现。使用关系数据库构建审计功能较为耗时，而且容易出现人为错误。它需要自定义开发，并且由于关系数据库本身并非不可变，因此难以跟踪和验证对数据的任何意外更改。

企业可以通过使用 AWS 区块链系统，利用可扩展的无服务器架构为它们提供用于审计和记录保留的集中式分类账，从而使它们可以轻松地验证过去记录的完整性，触发 AWS Lambda 事件以处理其他工作流程，例如在 Amazon Elasticsearch 中缓存历史记录以进行查询，将数据转换并加载到 Amazon Redshift 集群中或将数据存储在 Amazon S3 数据湖中。记录系统原理如图 5.9(图源 AWS 官网)所示。

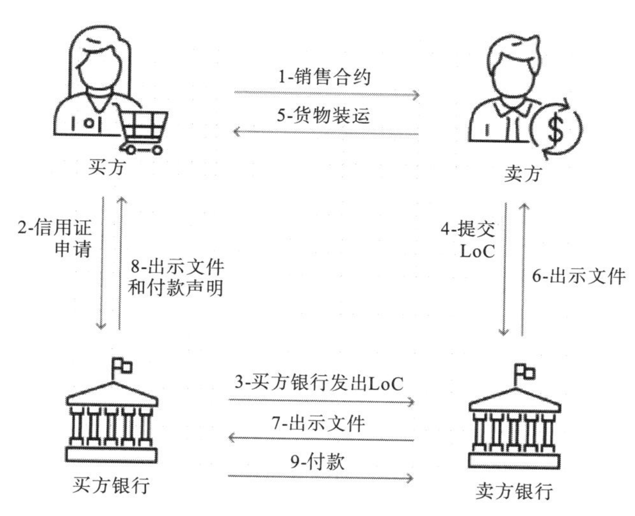

图 5.7　信用证颁发流程图

图 5.8　信用证具体说明图

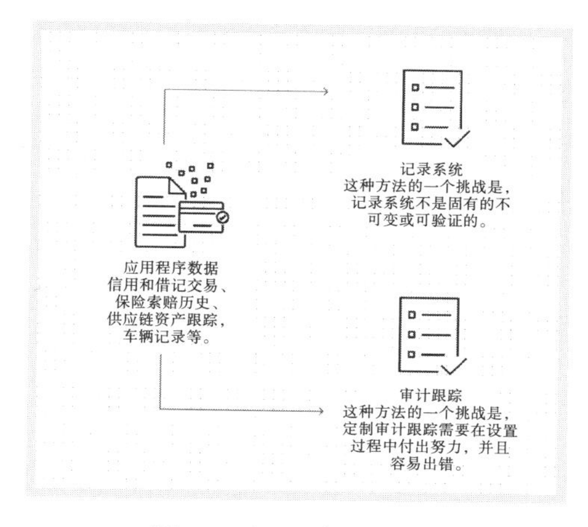

图 5.9　记录系统原理图

3. 区块链技术在医疗领域的典型应用

药品供应是提供临床护理和医疗服务(Kroll et al.，2013)的重要环节。因此，制药行业针对整个供应链(从药物发现、临床试验到产品上市)以及相应的解决方案(比如识别假药和提高患者药物依从性)推出了各种创新应用。

1)药物研发

区块链可以提供技术平台，方便多方之间的信息传递，并保证信息的准确性。如将不可变的记录和时间戳作为一种数字手段，可以有效保护知识产权。区块链技术还可以促进临床和试验数据的共享。即使在非合作的药物研发中，区块链也可以有效地追踪和管理临床试验的各个方面，如数据管理、权限管理、药物副作用追踪等。

对于非专利产品，区块链技术常用于管理知识产权和开发创新药物。比如 Labii 推出了基于区块链的电子实验室笔记本；Bernstein 利用区块链技术，推出了带时间戳的数字轨迹管理，以确保知识产权的优先级，这一特性有利于合作式的药物研发；iPlexus 利用区块链技术，使得药物研发中未发表和已发表的数据更易于使用。同时，在药物研发的过程中，区块链技术也可用于临床试验的过程管理，IEEE 标准协会曾组织了一场关于区块链和临床试验的论坛，目的是利用区块链促进患者招募，保证数据的完整性，并在药物研发方面取得快速进展。此外，关于药物的研究领域相当广泛，包括药物发现、设备制造商和临床试验结果等。BlockRX 利用先进数字账本技术(advanced digital ledger technology，ADLT)提供了一种解决方案，可以连接医疗系统中分散的各方。

2)假药检测

供应链对于医疗行业来说至关重要，因此，从原材料的获取到药品的生产、储存和分配，都需要进行适当的监控和追踪，以确保供应链的顺利运行。近年来，假药成为人们日益关注的问题之一。针对这一问题，监管机构必须规定一种机制，帮助用户以及供应链中所有的利益相关者验证药物的成分。

由于缺乏适当的追踪机制，供应链中存在着大量的薄弱环节，导致假药、劣药的出现。为了解决这一问题，监管部门制定了新的法规，要求药品供应链的所有利益相关者都能对药品的流通过程进行追踪。而区块链技术正好提供了一个非常适合的解决方案，以便各方在一个开放、安全、不受篡改的系统中维护信息，而且保证数据可以被多方访问。因此，人们提出了许多利用区块链来追踪药品供应链的解决方案，部分应用案例如下。

(1)MediLedgerProject：利用区块链技术，合法合规地追踪和监管医药供应链。

(2)Ambrosus：基于区块链的供应链物联网。

(3)Modsense T1：利用区块链技术监控供应链的温度和环境状况。

(4)Blockverify：防止伪劣产品，提高供应链的透明度。

(5)DHL 与 Accenture：利用区块链技术追踪医药产品。

(6)Imperial Logistics 与 One Network Enterprises：通过区块链平台提高供应链的安全性。

(7)Authentag：通过区块链技术提供医药供应链的追踪和验证服务。

(8)EasySight：通过区块链技术追踪医药供应链上的产品，实现交易记录透明化，帮助中小企业优化收款过程。

(9) SAP (systems，application and products)：将区块链技术与 HTTP (hyper text transfer protocol) 结合，解决供应链的相关问题。

3) 处方管理

正确的处方管理对于确保最佳的医疗服务来说非常重要。近年来，滥用处方药的情况十分严重，导致了阿片类药物危机等问题。因此，相关人员提出了很多基于区块链的解决方案，以解决有关处方管理的问题。

腾讯微信智慧医院 (Lamport，1984) 新推出的区块链处方流转进一步推动了医药改革，用户使用起来既便利又安全。BlockMedx 利用基于 Ethereum 的平台来管理处方流程，其中所有数据都安全地存储在区块链中。Project Heisenberg 也通过智能合约来追踪处方流程。它为患者、医生和药房提供了单独的门户网站，以便他们能够参与处方流程。ScalaMed 也提供了一种基于区块链的解决方案，它通过建立以患者为中心的模型，追踪所有处方，以提高药物依从性。

4) 账单索赔管理

金融管理也是医疗保健的重要一环，但这一领域的发展却很迟缓，主要原因在于信任度和透明度低，而这些问题都可以通过区块链技术得到解决。当多个参与方或中介参与索赔处理流程时，可能会涉及许多重复的任务和检查工作。

区块链可以方便患者 (提出索赔的人) 和承担者 (支付索赔的人) 直接进行沟通。智能合约可用于溢价与交易价格谈判，也可以把患者当前健康状况、药物使用情况、生活方式等数据与不断变化的保险费用结合在一起。因此，有人提出了将区块链用于账单索赔管理和金融管理，部分应用案例如下。

(1) GEM：使用 Ethereum 来简化医药服务的索赔管理。

(2) Change Healthcare：利用超级账本来进行基于区块链的索赔和收入管理。

(3) HSBlox：用于索赔管理，帮助用户简化交易，提高交易的透明度。

(4) Pokitdok：Dockchain——利用智能合约等，在临床环境中提供基于区块链的财务数据处理。

(5) Solve.care：基于多个健康福利项目，提供去中心化的医疗管理，可以有效防止药品的泛滥和误用。

(6) Health Nautica 与 Factom：改善索赔管理和数据记录。

(7) Smartillions：利用区块链技术，改善账单和索赔管理流程，适用于各种类型的交易。

(8) Robomed Network：将账单支付与就医过程联系在一起，督促医务工作者提供及时正确的医疗服务，帮助患者达到预期的临床结果。

(9) Quantum Medical Transport 与 River Oaks Billing Association：将区块链技术用于医疗账单支付，保障交易的安全性。

5) 医疗保险

区块链不仅为保险公司提供了存储个性化健康信息和支付计划 (Lewenberg et al.，2015) 的安全渠道，还使保单持有人始终可以访问这些记录。医疗保险公司引入区块链使之适应其业务。但是为了最大化其可用性，大多数保险公司必须参与公共互联网络。事实上，目前与区块链相关的企业合作的保险公司已经在它们的影响范围内看到了令人印象深刻的创新。

由于区块链永久记录其参与者之间的所有交易，因此它提供了保险领域当前范例所不具备的透明度。在健康保险政策的整个生命周期中，通常有多个层级的中间人。信息在几个利益相关者之间共享，无休止地循环。这个过程充满了低效率，而区块链可以帮助解决这个问题。例如，将自动化应用于区块链开发的程序，患者可以与医院、医生和制药公司建立电子协议。各方之间完成的交易会占用一个随后链接到“链”的“块”，并且随着时间的推移会产生所有并发交互的可靠记录。

医互保与新加坡 LifeShares 基金会就“区块链普惠医疗保障项目”达成战略合作。在健康保障领域，医互保将成为 LifeShares 亚太区首家合作伙伴，双方共同推进区块链普惠医疗保障业务在该区域的开拓，助力“区块链健康金融”的落地。

5.4 本章小结

随着区块链技术的出现与普及，共识已经成为时代发展的主题。特别是在业务共识方面，由于近年来大量有关区块链技术的应用在各行各业落地，是否达成业务共识已经成为区块链技术中的一个重要话题，对于区块链技术的侧重也逐渐由算力共识向业务共识的方向发生转变。

共识机制是保证区块链实现分布式信任职能的核心。业务共识如何在健壮性(去中心化)、效率、安全之间达到完美平衡，满足业务要求，是业务共识研究的主要课题。在当前基础设施条件下，三者必须要有所取舍。因此，相比于追求大一统的共识，在分应用、分场景的条件下进行探索，针对足够具体和细分的场景与假设，选取和定制满足当前需求的共识算法不失为一种更好的策略。Hedera 业务共识算法可以充当任何应用程序或许可网络的信任层，并被用于跟踪供应链中的资产信息，进而解决多方之间业务共识问题。

如今，业务共识算法已广泛应用于国际银行与贸易支付、电商、医疗、供应等各个领域。从整体上看，社会信用环境还比较弱，构建信用的成本比较高，因此相应地在实际应用中构建业务共识场景的条件相对苛刻。区块链技术凭借一套成本较低的“信任”解决方案，降低了业务信用成本，而基于区块链共识机制的业务共识观念的出现，使得有关业务共识的实际应用越来越多。只有所有参与者都遵循这样一种业务共识的观念，才能推动实际业务持续走向更深层次，从而促进信用经济的发展。

本章主要从业务共识算法基础、业务共识算法、业务共识算法典型应用三个层面由浅及深地对业务共识这一概念进行全面阐述。其中在业务共识基础一节，主要介绍了业务共识的发展历程、落地场景、当前存在的问题等内容；业务共识算法部分主要对 Hedera 的核心思想及流程进行了详细说明；业务共识算法典型应用一节重点阐述了亚马逊 AWS 区块链服务平台，此外还列举了众多业务共识算法应用案例。希望读者通过阅读本章内容，能够对业务共识这一概念具备更加深刻的了解，能够熟悉一些业务共识算法的典型应用，并在对业务共识算法的学习中加入自身的理解与思考。

参 考 文 献

Buterin V, 2014. Ethereum: a next-generation smart contract and decentralized application platform.https://ethereum.org/669c9e2e2027310b6b3cdce6e1c52962/Ethereum_Whitepaper_-_Buterin_2014.pdf.

Dwork C，Lynch N A，Stockmeyer L J，1988. Consensus in the presence of partial synchrony. J. ACM，35(2):288-323.

Eyal I，Gencer A E， Sirer E G，et al.，2016. Bitcoin-ng：a scalable blockchain protocol//13th {USENIX} Symposium on Networked Systems Design and Implementation（{NSDI} 16）.

Eyal I，2015. The miner' s dilemma. IEEE Symposium on Security and Privacy: 89-103.

Eyal I，Birman K，Van Renesse R，2015. Cache serializability：Reducing inconsistency in edge transactions//35th IEEE International Conference on Distributed Computing Systems: 686-695.

Eyal I，Gencer A E，Sirer E G，et al.，2015. Bitcoin-ng：a scalable blockchain protocol. arXiv preprint arXiv：1510.02037.

Eyal I，Sirer E G，2014. Majority is not enough: Bitcoin mining is vulnerable[C]//International Conference on Financial Cryptography and Data Security. Springer，Berlin，Heidelberg: 436-454.

Garay J A，Kiayias A，Leonardos N，2015. The bitcoin backbone protocol：analysis and applications//Advances in Cryptology-EUROCRYPT 2015-34th Annual International Conference on the Theory and Applications of Cryptographic Techniques：281-310.

Garcia-Molina H，1982. Elections in a distributed computing system. Computers，IEEE Transactions，100(1):48-59.

Heilman E，Kendler A，Zohar A，et al.，2015. Eclipse attacks on Bitcoin' s peer-to-peer network//24th USENIX Security Symposium，USENIX Security 15，Washington，D.C.，USA，August 12-14，2015:129-144.

Karame G O，Androulaki E，Capkun S，2012. Double-spending fast payments in bitcoin// Proceedings of the 2012 ACM Conference on Computer and Communications Security，CCS' 12，ACM:906-917.

Kroll J A，Davey I C，Felten E W，2013. The economics of Bitcoin mining，or Bitcoin in the presence of adversaries[C]//Proceedings of WEIS，(11).

Lamport L，1984. Using time instead of timeout for fault-tolerant distributed systems. ACM Transactions on Programming Languages and Systems，6(2): 254-280.

Lewenberg Y，Sompolinsky Y，Zohar A，2015. Inclusive block chain protocols[C]//International Conference on Financial Cryptography and Data Security. Springer，Berlin，Heidelberg: 528-547.

第六章 针对共识算法的攻击

区块链技术作为新兴存储技术蓬勃发展。区块链作为一种以公平透明为特点的存储技术，必须保障和提高其存储安全性，使其实际落地应用成为可能，更好地服务大众生活。共识算法作为区块链核心技术也成为学者们研究的重点领域，在不断创新迭代以更有针对性地服务于区块链实际落地场景的同时，针对共识算法的攻击也从未停歇。本章将详细叙述共识算法可能遇到的攻击以及针对攻击的防御手段。

6.1 针对工作量证明机制的攻击

PoW(proof of work，工作量证明)机制是比特币(Nakamoto，2008)系统的共识机制，是区块链共识算法的先驱，是最为经典的多方参与条件下促使系统达成一致的共识算法之一，有着非常庞大的市场规模和重要的应用地位，是当前公链系统中共识算法的主导。

在比特币系统中，区块由区块体和区块头组成，区块体存放由交易组成的 Merkel 树和交易的其他信息，区块头存放版本号、上一区块的 Hash 值、Merkel 树的根植、当前的难度值以及随机数。PoW 机制达成共识的具体实现方法为：参与挖矿的矿工将交易打包生成区块体，利用难度值计算出目标值，通过暴力的手段不断变更区块头中所存的随机数的值，直到找到一个随机数使得区块头的 Hash 值小于或等于目标值。矿工将打包完成的区块发布到比特币网络中，其他的矿工进行验证，验证通过则将区块加入到自己本地所保存的区块链中。简单来说，PoW 算法是通过暴力破解数学难题的方法对区块上链达成共识，通过分布式节点算力竞争来保证共识的一致性。

针对 PoW 共识算法的攻击本书主要介绍最为常见的双重支付攻击，以及实现双重支付攻击的几种攻击方式，包括种族攻击、芬尼攻击、Vector76 攻击、替代历史攻击以及 51%攻击。

6.1.1 双重支付攻击

2013 年 11 月，GHash.io 矿池对赌博网站 BetCoin Dice 进行多次付款欺诈，实施双重支付攻击；2016 年 8 月，基于以太坊的数字货币 Krypton 遭受来自一个名为“51% Crew”的组织的 51%攻击，攻击者利用双重支付盗取约 21465KR 的代币(约 3000 多美金)；2019 年 1 月，以太坊 ETC 在 Coinbase 等多个交易所充值交易的时候遭到双重支付攻击，私人矿池 0x3ccc8f74 地址的 ETC 算力飙升，占据全网 ETC 挖矿算力的 50%以上，一度成为最大的 ETC 矿池，涉及金额 54200ETC。

双重支付攻击(图 6.1)也叫双花攻击，是指一个代币在多次交易中被重复使用，也就是同一笔资金被花费了多次，违反了这笔资金的服务规则。比如，A 账户向 B 账户支付 1BTC 购买一杯咖啡，矿工将这笔交易打包上链，通常情况下此区块之后再产生 5 个区块才能确保此区块有效，不会被丢弃，但因为购买咖啡是一笔小交易，所以 B 未等到区块确认有效就将咖啡递给 A，A 收到咖啡后将转给 B 账户的 1BTC 发送到自己的账户，重新构成一笔交易，将其打包成区块，在包含“A 转账到 B”的交易区块处造成区块链分叉，若是 A 的算力足够大，生成的区块数量多于另一条区块链，由于在比特币系统中，较长的链为主链，所以矿工会有选择地延伸较长区块链，也就是 A 向自己转账所在的区块链，如此就使得 A 购买咖啡时，得到咖啡但却并没有向 B 账户进行支付。同一笔货币被花费两次，在区块链上产生分叉，当攻击者算力足够大的时候，可以延伸对自己有利的区块，这是双重支付攻击中的 51%攻击，也叫大多数攻击，是双重支付攻击中最为常用的一种攻击形式。除了 51%攻击之外，双重支付攻击还可以通过种族攻击、芬尼攻击、Vector76 攻击、替代历史攻击实现。双重支付攻击主要是使区块链中产生分叉来进行攻击，通常一个区块后新连接 5 个区块才能认为此区块是在主链上的，比特币区块链采取的是最长链原则，即当前最长的链被认为是主链，是正确的区块链结构。该区块之后的每一个区块都相当于对前一个区块进行确认，区块链上每增加一个区块就增大了前面区块被篡改的难度。

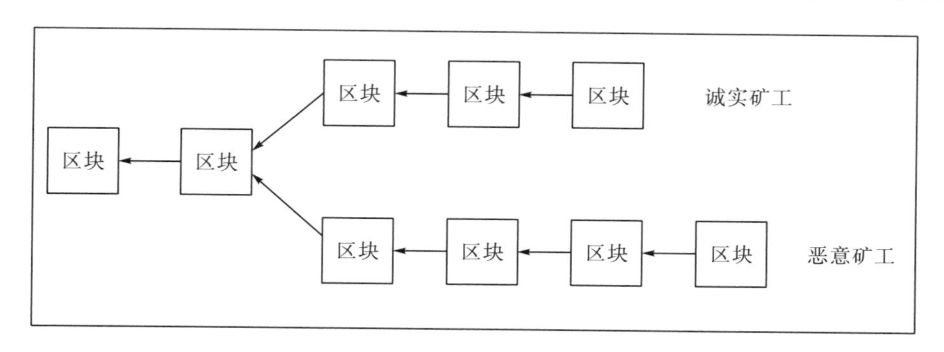

图 6.1 双重支付攻击

6.1.2 种族攻击

矿工打包交易生成区块来赚取费用，种族攻击(race attack)方法正是利用矿工费用来进行双花攻击。攻击者与接受 0 确认的商家交易，也就是当前交易区块直接确认交易，不用等待生成 5 个区块进行确认。当前区块链出块时间慢，交易确认等待时间长，部分商家为了节省时间提高效率，选择当即确认交易。攻击者在与这样的商家进行交易时，将代币发给商家，命名为交易 A，攻击者确认得到商品后再将代币重新发送到自己的账户，命名为交易 B。

假设此时 A、B 两个交易都未被打包进入区块。此时，攻击者为了交易 B 能够被打包生成区块，提高矿工打包这笔交易所能得到的费用，同时给交易 A 一个较低的矿工打包费用，这样大大提高了矿工打包 B 交易到新区块的概率。如果交易 B 在交易 A 之前成功被打包上链，使得交易 B 有效，由于交易 A 与交易 B 是使用同一笔货币，所以交易 A 就不会被系统所承认，没有矿工将其打包，使得交易 A 无效，此时，攻击者拥有商品，但未进行支付，从而实现双重支付攻击。

但是提高交易打包费只表示提高了这笔交易被矿工打包的概率和上链速度，不意味着交易 B 就一定在交易 A 之前被打包上链，种族攻击不一定能够成功。另外，对于谋财的攻击者来说，交易打包费本来就是一笔支出，而且正常情况下能够接受 0 确认的商家一般都是以小额交易为主，所以单次遭受种族攻击并不会造成较大的损失。

为了防范种族攻击(图 6.2)，商家不能接受 0 确认交易，至少需要等待一个确认信息，也就是此后再生成一个交易，才能保证此交易不会遭到种族攻击，另外对区块矿工打包费进行控制，可以避免种族攻击和检测攻击者。

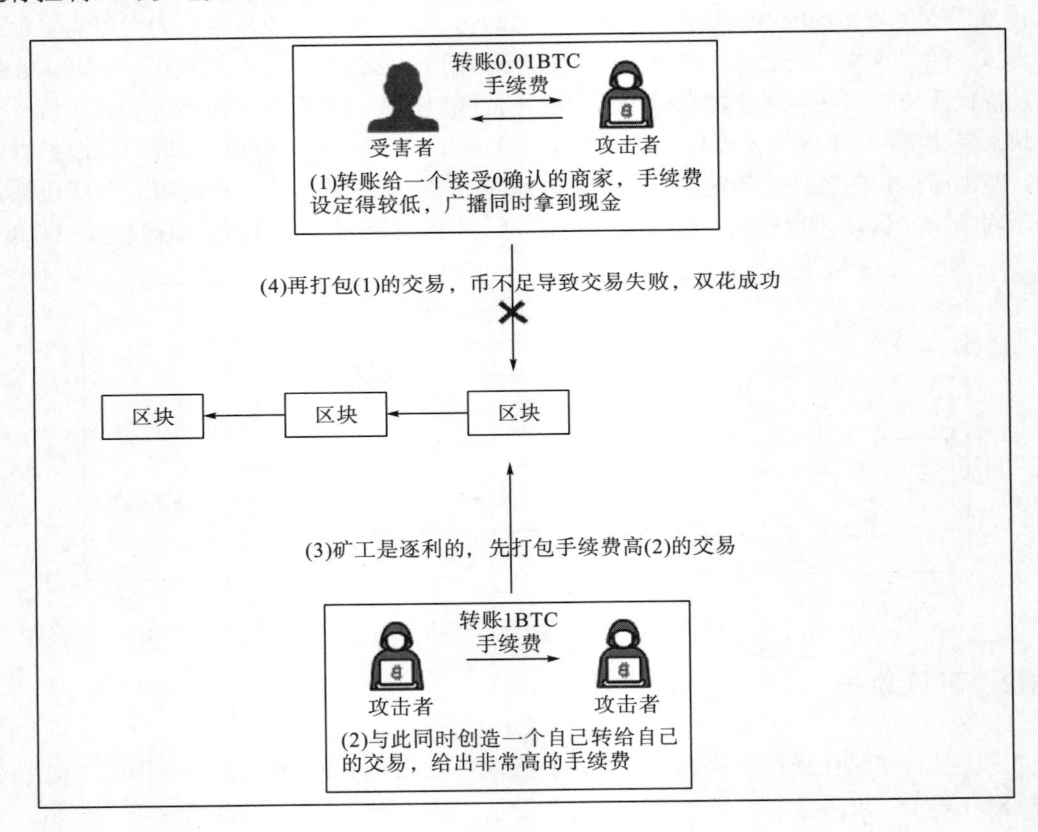

图 6.2 种族攻击

6.1.3 芬尼攻击

芬尼攻击(Finney attack)也是针对 0 确认商家实现一笔资金双重支付的攻击手段。在芬尼攻击中攻击者自己先根据目前最新区块的信息，用一笔资金生成一个自己给自己转账的交易，然后将其打包生成区块，区块生成后不发布到全网进行上链，而是再次利用同笔资金向 0 确认的商家进行购买转账，一旦收到商家货物，就将自己扣留的区块进行发布，从而确定这笔资金的流向，不会支付给商家，同时得到商家的商品，见图 6.3。

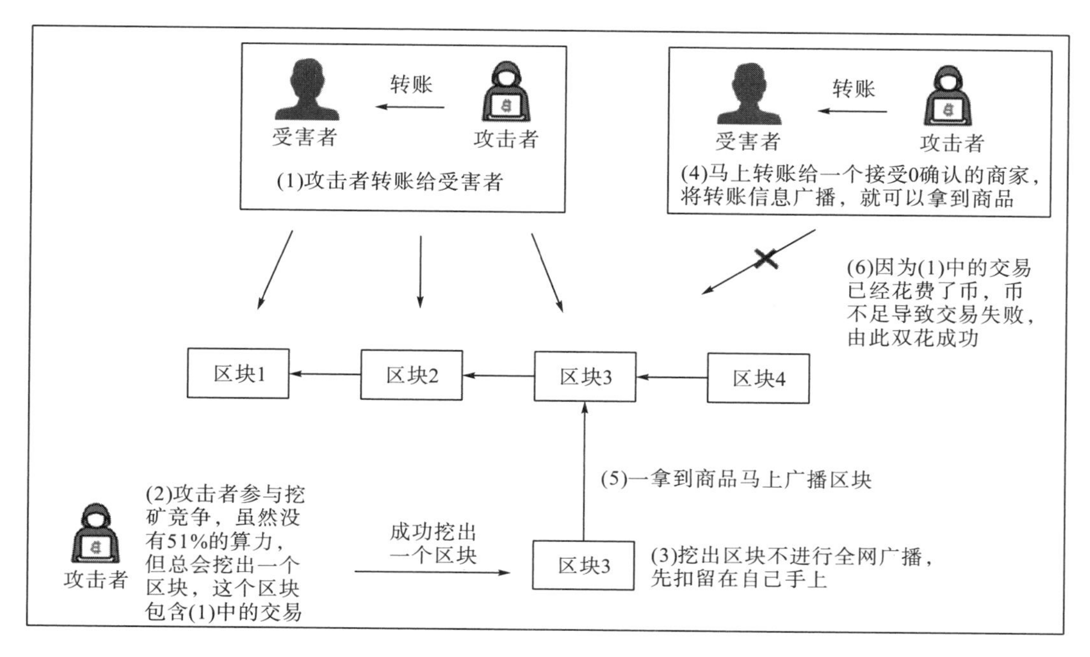

图 6.3　芬尼攻击

在芬尼攻击中攻击者不需要拥有超强的算力，只需要能够生成当前最新区块的下一个包含自己向自己转账的区块即可，而且自当前最新块上链之后，到攻击者生成新区块立即向商家进行交易，再到发布自己扣留的区块这段时间内没有新的区块上链。若是期间存在别的矿工成功打包别的区块，攻击者发布的区块就会使得区块链发生分叉，一般的区块链网络节点会选择最早接收到的区块作为最新区块，所以攻击者打包的区块可能无效，在攻击者的算力不是非常强的情况下，也就是攻击者生成区块的速度不能赶超当前主链时，会使得攻击者此次扣留的区块无效，那么这笔交易的资金还是会发送到商家账户，所以此次攻击就变成了正常的交易。

对于芬尼攻击的防范与种族攻击类似，也就是商家不接受 0 确认交易，或者至少等待一个区块确认信息即可避免芬尼攻击。

6.1.4　Vector76 攻击

Vector76 攻击是种族攻击和芬尼攻击的组合。Vector76 攻击能够使得 0 确认的交易发生回滚操作。如果区块链系统中的电子钱包接受 0 确认就进行支付，钱包与其他的节点直接连接并且使用静态 IP 地址就容易遭到 Vector76 攻击。

在 Vector76 攻击中，攻击者控制 A、B 两个全节点，其中节点 A 直接与商家的电子钱包节点相连，节点 B 与一个或者多个运行良好的节点相连接。进行 Vector76 攻击时，攻击者将同一笔代币分别向商家账户和自己账户发送，分别记为交易 1 和交易 2。同种族攻击一样，设置交易 2 的矿工费远大于交易 1，但是攻击者此时没有将交易 1 和交易 2 广播到网络中。

接着，攻击者打包交易 1 从而生成新的区块，新区块生成后，对区块进行扣留不广播，分别向连接商家电子钱包的节点 A 发送交易 1，向连接一个或者多个运行良好的节点 B 发送交易 2，在节点 A 中，保存商家电子钱包的节点将交易 1 的信息传播给其他节点时，连接多数节点的节点 B 已将交易 2 进行扩散，而且交易 2 的矿工费高，所以大概率是交易 2 的信息先被矿工节点打包，而后来的交易 1 的信息由于和交易 2 是同一笔代币进行交易，因此会被作为无效交易来处理。

这种情况下，大概率矿工节点会对交易 2 进行打包，当其生成的区块上链时，攻击者立即将其扣留的对交易 1 进行打包生成的区块发布到网络中，两个区块发布，区块链会产生分叉，假设保存的交易命名为分叉 1 和分叉 2，这时商家发现商品交易区块已经上链，也就是分叉 1 的区块已经产生，会将商品发送给攻击者，但是从当前分叉来看，大多数的节点以分叉 2 为主链来进行打包，所以当前矿工延伸分叉 2 的概率较大，由此会造成分叉 1 的回滚，使得商家无法从这笔交易中获取正当利益。

6.1.5 替代历史攻击

替代历史攻击(alternative history attack)是在商家等待交易确认时进行攻击，要求攻击者有较强的算力。

攻击者首先分别将同一笔代币发送到商家账户和自己账户，记为交易 1 和交易 2，将交易 1 广播到网络中，将自己的算力全部用于交易 2 的打包并生成区块。假设当前交易商家等待 N 次确认才能确认交易安全，不会被回滚，然后向用户发送商品，当商家等待 N 个确认区块产生后，商家向攻击者提供商品。此时，若是攻击者算力足够强，自己挖的私链超过 N 个，则可以向区块链网络发送，自己保存的私链成为主链，使得交易 1 发生回滚，商家不能获取正当利益，攻击者成功实现双花攻击。但若是攻击者所挖的区块数量赶不上公共主链长度，则意味着攻击者算力白白被浪费，没有实现双花攻击。

从上述攻击过程可以看出，替代历史攻击成功与否与商家确认交易次数以及攻击者算力有关，攻击者算力一般用攻击者算力占全网算力的比例进行衡量。如图 6.4 所示，横

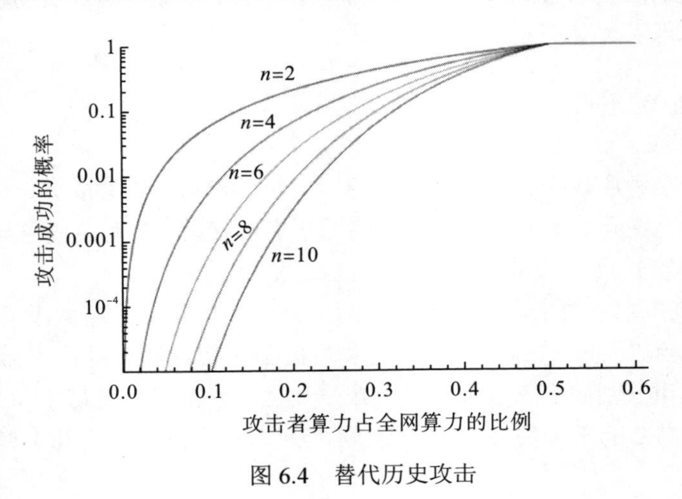

图 6.4 替代历史攻击

轴为攻击者算力占全网算力的比例，纵轴是攻击成功的概率，n 为商家设定交易需要等待的区块确认数。假设攻击者控制网络中 10%的算力，如果商家设定商品交易需要等待 2 个确认，那么攻击成功的可能性低于 10%；如果商家设定商品交易需要等待 4 个确认，成功攻击的可能性低于 1%；若是交易需要等待 6 个确认，攻击成功率就能够低于 0.1%。

通过提高交易确认数可以很好地避免替代历史攻击，确认数最好设置为 6 个区块以上，此时若是攻击者没有较强的算力，那么替代历史攻击大概率会失败。

6.1.6　51%攻击

51%攻击是攻击者算力所占比例超过全网一半，攻击者拥有超强算力下的替代历史攻击。从图 6.4 中可以看出，当攻击者能够控制全网一半以上的算力时，攻击者可以比网络中的其他节点更快地生成区块。随着攻击者检测延伸自己的私有分支，直到私有分支超过诚实节点建立的区块链，攻击者将自己的私链发布，将会使得全网节点在这条恶意链上继续工作，从而使恶意链代替主链，无论设置的交易确认区块数目为多少，攻击者都能够实现双花攻击，使得正常交易回滚，见图 6.5。

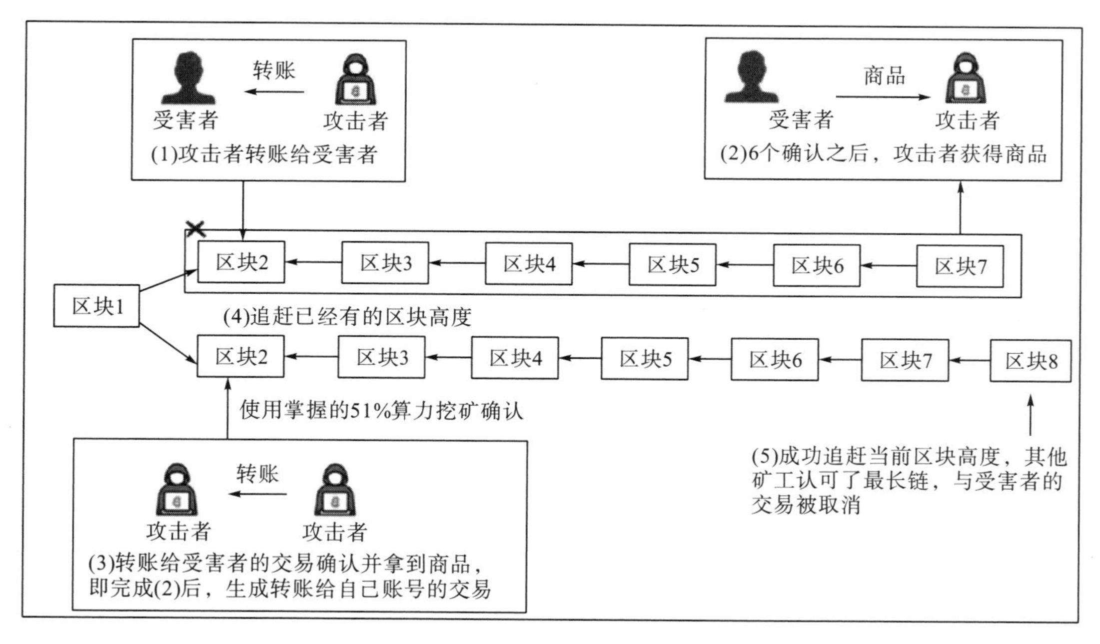

图 6.5　51%攻击

在替代历史攻击中我们得出的结论为：攻击者没有达到全网一半算力的情况下，设置 6 个确认区块可以使得双花攻击成功的概率小于 0.1%，所以设置 6 个确认区块成为阻止双花攻击的有效手段。但是在 51%攻击中，也就是攻击者控制全网一半以上算力的时候，6 个确认区块也无济于事，因为超强算力下攻击者实施双花攻击一定会成功。

另外，发起 51%攻击、拥有大量算力的攻击者不但能够进行双花攻击以此获利，还能够对交易进行审查，可以控制交易的上链与否。若攻击者不想让某笔交易被打包成区块上链，他可以有选择地控制区块链的生成方向，使得他拒绝的交易不能够上链，这种情况下区块链网络会彻底丧失其去中心化的特性，成为以攻击者为中心的网络体系，所以 51%攻击会对区块链网络产生极大的危害。

根据计算网络遭受 51%攻击的理论成本，网站 Crypto51 在 2020 年 8 月的数据统计显示，完成对比特币一个小时的 51%攻击的成本大概要 47.2 万美金，完成对以太坊的攻击需要 22.7 万美金，完成对 BitcoinCashABC 的攻击仅需要 1 万美金，完成对莱特币的攻击需要 2.3 万美金(图 6.6)。而在区块链安全白皮书中对早些时间的 Crypto51 统计数据显示，完成对比特币一个小时的 51%攻击的成本大概要 55 万美金，完成对以太坊的攻击需要 36 万美金，完成对莱特币的攻击需要 6.4 万美金，可以看出 51%攻击的成本在下降，这意味着 51%攻击发生的可能性在增大。

名称	简称	市值	算法	散列率	1h攻击开销	占比
比特币	BTC	$203.18 B	SHA-256	112,012 PH/s	$472,023	0%
以太坊	ETH	$37.21 B	Ethash	173 TH/s	$226,785	4%
电子现金	BCH	$5.33 B	SHA-256	2,426 PH/s	$10,225	12%
莱特币	LTC	$3.66 B	Scrypt	290 TH/s	$22,867	4%
以太坊经典	ETC	$850.17 M	Ethash	5 TH/s	$6,859	145%
达世币	DASH	$776.86 M	X11	7 PH/s	$2,379	3%
大零币	ZEC	$692.94 M	Equihash	7 GH/s	$16,608	3%

图 6.6 51%攻击理论成本

如何避免对区块链网络危害极大的 51%攻击是我们必须要讨论的问题。通常 51%攻击发生在以 PoW 为共识算法的区块链系统中，以算力来获得各节点一致的方法本身就是耗费电力资源的、不利于可持续发展的共识算法。近年来，越来越多的区块链系统以及分布式共识协议被提出，其中基于权益的共识算法 PoS 就能够解决 PoW 存在的资源能源的消耗问题，同时，因为不再以算力来对参与挖矿的矿工进行受益的衡量，所以也降低了 51%攻击出现的可能性。

另外，在 51%攻击中存在一个攻击悖论，即控制网络中大部分算力的攻击者如果能够进行诚实的挖矿也同样能够长期获得很高的挖矿收益，但是如果攻击者利用自己强大的算力对区块链网络进行攻击，只能获取暂时的高收益，若攻击造成区块链网络的瘫痪、矿工对区块链网络的不信任等，则会使得区块链网络无法正常有序地维持高效的运转，这样下去的直接后果是数字货币的贬值，甚至是区块链网络停止运转，攻击者的算力、昂贵的矿机都会失去价值。所以在拥有强大算力的时候，攻击还是诚实挖矿是攻击者需要权衡考虑的一个问题。

6.2 工作量证明机制攻击防范

6.2.1 双花攻击

上述提到的种族攻击、芬尼攻击、Vector76 攻击、替代历史攻击以及 51%攻击都是针对以工作量证明机制 PoW 为共识算法的，以比特币系统为代表的区块链系统进行双花攻击的手段方法。

双花攻击是一种重放攻击，它是利用二次请求对系统进行欺骗的攻击方式之一。常常通过时间戳的方式来防止重放攻击，因此同样能够通过设置时间戳的方法来避免双花攻击。保留每一笔交易的时间信息，设置时间戳，例如攻击者利用同一笔交易进行双花攻击时，由于对每一笔交易发布信息都保留时间戳信息，所以只承认第一笔交易，也就是时间戳较早的信息。在双花攻击中，都是通过商家先确认交易，攻击者获得物品才延伸有利于自己的链，但是攻击者自己向自己转账的交易发布到网络中的时间，晚于当笔资金向商家发送的时间，不管矿工打包区块费有多大的差异，诚实矿工为了避免双花攻击还是会承认时间戳早的交易。如果攻击者先发布自己向自己转账的交易以获得更早的时间戳，这样并不会产生双花攻击，后续和商家的交易仍正常进行。

基于时间戳的方案仍不能完全防止 51%攻击的发生，因为当攻击者算力足够强时，他可以控制区块链的走向，将利用同笔资金向商家和自己发送的两笔交易发送到网络中，此时商家节点收到的是攻击者向商家转账的交易。同时间戳的交易矿工按先来后到打包，区块链产生分叉，待达到商家确认区块数之后，攻击者立即延伸自己转账交易所在链，当链足够长而成为主链时就能够使向商家转账的交易实现回滚，以成功实现双花攻击。但实际上根据攻击悖论，在用户众多、算力如此强大的比特币网络中，若能够控制一半以上的算力，诚实挖矿已经能够获得很高的收益了，如果进行双花攻击获得一时收益，会危害比特币网络的长久稳定运行，攻击者作为用户利益也会受损。

在双花攻击的多种方法中，种族攻击、芬尼攻击、Vector76 攻击以及替代历史攻击，实际上都可以通过增大交易区块确认数来阻止，当商家设置 6 个确认区块接受交易，攻击者算力占全网比例低于 10%时，双花攻击的成功率是小于 0.1%的。所以对于商家来说应该选择花费更多时间来减小攻击发生的风险，若仅仅为了节省时间而只设置少量的区块确认数，结果可能得不偿失。像比特币系统这样参与用户众多、总算力巨大的区块链网络，攻击者控制全网大部分算力是非常困难的，但是小型区块链系统算力容易集中，就可能导致 51%攻击的发生。

以算力来挖矿的工作量证明机制 PoW 是最为经典的区块链共识算法，但是其缺点非常明显，那就是算力集中会导致整个系统失去平衡，任人摆布。市面上现有很多提供算力租赁的平台，想要发动双花攻击的个人和团队，不需要从购买挖矿设备和搭建网络开始筹集算力。据 Crypto51 理论分析，租赁算力的成本在降低，攻击的成本在降低，相对于攻击收益来说，不需要花费太多成本就可以从世界各地租借足够的算力，对区块链系统发动双花攻击。另外，发动双花攻击的报酬是远大于挖矿的，而且即使攻击失败，也不会存在算力损失和法律层面的惩罚。因此要阻止双花攻击应该同各交易所协同工作，避免大量算力被控制在一个人手中，因为若是系统因为攻击造成巨大损失，算力也会失去价值。

相对于 PoW 算法，PoS、DPoS 等共识算法能够更好地减小发生双花攻击的概率，这样的共识算法中区块生成不再依靠算力，而是依靠矿工手中的数字货币。目前来看，PoS 和 DPoS 机制对于防止 51%攻击是优于 PoW 的，但还必须经过时间的检验。另外警报机制也必须尽快完善，现阶段没有高效的手段能够完全避免 51%攻击的发生，区块链团队、交易所以及矿池等机构应该设置警报机制，一旦发现交易出现异常，应该第一时间采取措施，以及时止损。

6.2.2 自私挖矿

使用 PoW 共识算法，利用算力使分布式节点达到数据的统一，能够实现真正的去中心化和账本透明，这是比特币非常重要的特征，但也就是 PoW 算法使得比特币系统天然地难以防御 51%攻击，从而实现双花攻击。但实际上 51%并不是比特币系统的安全阈值，自私挖矿在理论上能够使得比特币系统的安全阈值从 50%降低到 33%。

在比特币系统中，矿工挖到新的区块就发布到网络中，网络中的节点将最先接收到的区块存入本地区块链，当区块成功上链之后，矿工能够得到区块奖励和区块的打包费。在自私挖矿中，自私的矿工挖到新的区块并不会立即将其发送到区块链网络中，而是自己在本地链进行存储，然后继续将其延伸，创造出自己的私链。而网络中的诚实矿工没有收到新区块，仍然继续延伸公链，之后，自私矿工有选择地将其私链上的区块广播到网络，迫使区块链产生分叉，使得诚实节点所挖矿区块无效，算力付诸东流。自私挖矿的算法见图 6.7。

Algorithm 1: Selfish-Mine

```
1  on Init
2      public chain ← publicly known blocks
3      private chain ← publicly known blocks
4      privateBranchLen ← 0
5      Mine at the head of the private chain.

6  on My pool found a block
7      Δprev ← length(private chain) − length(public chain)
8      append new block to private chain
9      privateBranchLen ← privateBranchLen + 1
10     if Δprev = 0 and privateBranchLen = 2 then      (Was tie with branch of 1)
11         publish all of the private chain            (Pool wins due to the lead of 1)
12         privateBranchLen ← 0
13     Mine at the new head of the private chain.

14 on Others found a block
15     Δprev ← length(private chain) − length(public chain)
16     append new block to public chain
17     if Δprev = 0 then
18         private chain ← public chain                (they win)
19         privateBranchLen ← 0
20     else if Δprev = 1 then
21         publish last block of the private chain     (Now same length. Try our luck)
22     else if Δprev = 2 then
23         publish all of the private chain            (Pool wins due to the lead of 1)
24         privateBranchLen ← 0
25     else                                            (Δprev > 2)
26         publish first unpublished block in private block.
27     Mine at the head of the private chain.
```

图 6.7 自私挖矿

1. 自私挖矿过程

1)初始化

设置公链和私链，将当前已知公共区块在公链和私链上进行保存，得到两条相同的区块链，将记录分叉长度的参数 privateBranchLen 设置为 0，之后自私矿工在私链上进行挖矿。

2)挖到区块

这里分为自私矿工和诚实矿工挖到区块进行讨论。

(1)自私矿工挖到区块。

计算私链和公链的高度差 Δprev，将挖到的新区块链加入私链，并且将分叉记录参数 privateBranchLen 加 1，如果 Δprev 为 0，也就是之前公链和私链有着同样长度，分叉部分此时为 1 不满足发布条件，自私矿工继续在私链上进行挖矿，此时私链和公链的高度差 Δprev 为 1。

下一次若自私矿工继续挖到区块，privateBranchLen 加 1，此时 Δprev 为 1，privateBranchLen 为 2，私链比主链领先两个区块，矿工继续在自己的私链上挖矿。

若为诚实矿工挖到区块，因为 Δprev 为 1，自私矿工立即将区块发布，试图通过区块链产生分叉在足够幸运的情况下成为主链获得收益，此时 Δprev 为 0，privateBranchLen 为 1。此后，若第三轮自私矿工挖到区块，自私矿工立即发布区块，以延伸分叉中自己所挖区块所在的链，以最大努力使其成为主链以获取挖矿收益。此后，privateBranchLen 加 1，此时 Δprev 为 1，privateBranchLen 为 2，但如果第三轮依然是诚实矿工挖到区块，Δprev 为 0，此时诚实链比自私链多一个区块，诚实矿工获胜，自私矿工只能选择用公链更新自己的私链，继续下一轮自私挖矿。

(2)诚实矿工挖到区块。

当自私矿工接收到诚实的区块所发布的新区块时，首先计算私链和公链的高度差 Δprev，并将新的区块加入公链。

若原先两条链高度相同，Δprev 为 1，诚实矿工挖到区块，公链新增一个区块，所以当前公链的高度大于私链，公链获胜，则将私链用公链替换，分叉参数设置为 0，在新的私链上继续挖矿。

若原先私链比公链多一个区块，也就是 Δprev 为 1，自私矿工发现诚实矿工挖到一个新区块，立即将自己私链上多挖的区块进行发布，如果能够发布及时，会使得网络节点间保存的最新区块不一致，使得区块链产生分叉，各节点继续延伸自己保存的区块链。若自私矿工足够幸运，也就是保存其发布区块的节点能够最先产生新区块，这样自私矿工就能够获得区块生成费用和交易打包费。相反的，若是诚实区块所在链成为主链，则自私矿工所打包的区块无效。

若是原先私链比公链多两个区块，也就是 Δprev 为 2，自私矿工会将自己的私链进行发布，由于诚实矿工发布了一个新区块，所以当前私链比公链多一个区块，则自私矿工在此轮区块竞争中获得胜利，其保存的私链成为公链，将 privateBranchLen 置为 0，继续新一轮的自私挖矿。

若以上情况都不符合，也就是 Δprev 大于 2 的情况，此时私链至少比公链多挖 3 个区块，若此后诚实矿工发布一个新区块使得两链之间高度差减 1，这时自私矿工会将当前未公布的、自己所挖的第一个区块进行发布，而使得 Δprev 不小于 2，区块链发生分叉。之后如果诚实矿工又发现新区块，自私矿工再根据 Δprev 的值进行发布。比如，设当前 Δprev 等于 2，公链上诚实区块和自私区块产生分叉，根据 Δprev 为 2 的条件，自私矿工会将自己的私链进行发布，那么当前分叉上，诚实链上有 2 个区块，自私链上有 3 个区块，则自私矿工是此轮的胜利者。

2. 自私挖矿分析

自私挖矿的关键策略在于迫使诚实矿工在无效的分支上浪费算力，而且是一种周期性的行为。自私挖矿不违背区块链的挖矿规则，而正是巧妙地利用挖矿机制来创建自己的私链，之后有选择地发布区块，使得诚实矿工挖矿无效。

长久下去，诚实矿工算力付诸东流，收入甚微，自私矿工将收益用于增强自己的算力，使得自私挖矿的收益越来越高，若自私矿工能够控制全网一半以上的算力，就能发起 51% 攻击，从而控制区块链网络。另外，自私挖矿通过分叉获取收益，区块链系统在正常运行下无意地产生分叉的概率约为 0.41%，自私挖矿产生的极高的区块分叉概率会降低区块生成的概率。所以自私挖矿不利于区块链的高效和稳定运行。

矿工若要进行自私挖矿也是需要付出成本和代价的，倘若一个小算力的矿工想要进行自私挖矿，那他所得收益一定是不如诚实挖矿的，只有当矿工拥有使得私链的区块增长速度比公链快的算力时，才能够通过自私挖矿来获利，对于小算力矿工来说，自己保存的私链长度永远赶不上公链长度，消耗算力但永远不会获利。

有学者对自私挖矿进行模拟，利用模拟器设置 1000 个网络节点，并且这些节点以等概率进行挖矿，设置一定比例的节点进行自私挖矿，将其集结为矿池，其他节点都诚实挖矿。当自私挖矿有选择地发布区块迫使区块链产生分叉，且分叉等长时，诚实矿工按比例分为维护自私链和维护诚实链，诚实矿工维护自私链的比例为 γ，实验结果见图 6.8。

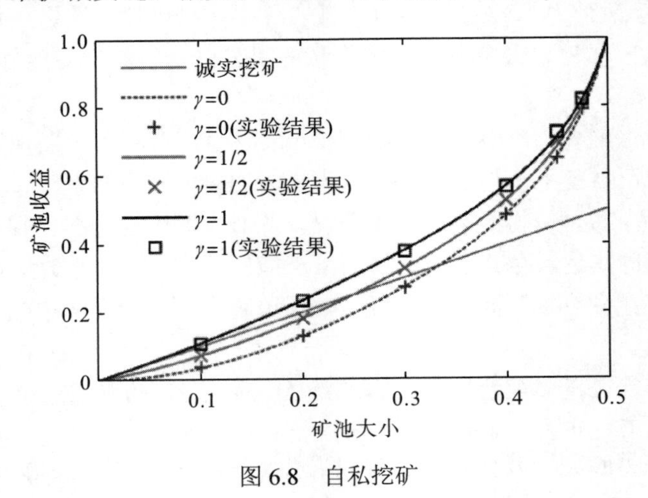

图 6.8 自私挖矿

从图 6.8 中可以看出，当$\gamma=0$，也就是全部的诚实矿工都维护诚实分叉的情况下，若是自私的矿池想要超过正常诚实挖矿所获得的收益，必须控制全网大约 33%的算力；当$\gamma=0.5$，也就是一半的诚实矿工维护诚实分叉，另一半的诚实矿工维护自私分叉的情况下，若是自私的矿池想要超过正常诚实挖矿所获得的收益，只须控制全网大约 25%的算力；若是全部的诚实矿工都维护自私链，则矿池实行自私挖矿的收益必定不小于诚实挖矿。

图 6.9 中展示了不同γ下，进行自私攻击的算力阈值α。当γ为 0，也就是诚实矿工不会延伸自私矿工所产生的区块，自私矿工只有靠自己的算力来进行自私挖矿，这时自私矿工算力至少要占全网算力的 1/3 才能从自私挖矿中获益，而当γ为 0.5 时，自私矿工只需要控制全网 1/4 的算力就能进行自私攻击。

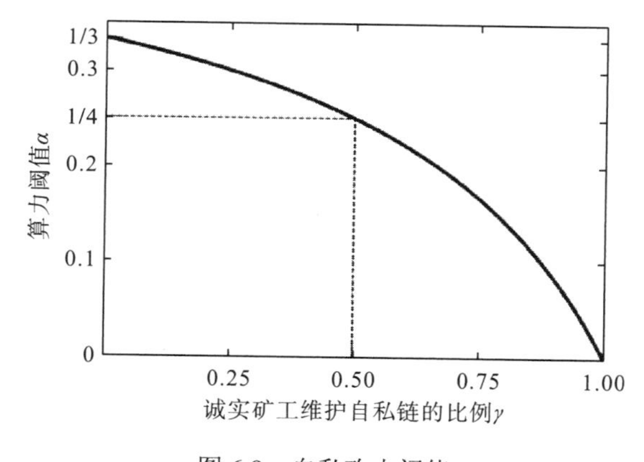

图 6.9　自私攻击阈值

3. 自私挖矿的检测

自私挖矿是可以检测的，有两种迹象可以表明自私挖矿的发生。第一个是孤链的出现，在自私攻击时，当自私矿工维护的私链和诚实矿工维护的公链进行区块链长度的竞赛时，区块链长度较低的一方会被淘汰，淘汰的链就是孤链，当自私挖矿发生时，一定会有孤链的存在。但是很难确定孤链区块的数量，因为区块链网络参与节点多，各节点本地保存的区块链不同，最新生成的区块存在差异，自私链和公链进行区块竞赛的结果必定会使得各诚实节点保存同样的链，也就是自私链和公链较长的那一条链，但是区块竞赛中各节点丢弃的区块难以确认，理论上的孤链确认存在难度。可以通过统计多节点的区块生成和丢弃的情况从而确认孤链。

第二个是通过分析区块链中连续区块的时间间隔，判断自私挖矿攻击是否发生。在自私挖矿攻击中，自私矿工利用自己保存的 $N+1$ 个区块的私链来压制诚实矿工所保存的 N 个区块的公链，从生成区块的时间间隔来对两条链进行分析，由于公链是诚实节点按照正当的区块链机制生成，所以公链包含的区块应该是互相独立的。

在比特币系统中，为保证每十分钟能够产生一个新区块，每处 2016 个区块，也就是大约 14 天的时间，系统会根据近期系统产生区块的时间和预期的时间对区块生成的难度进行调整。比特币系统中区块出块时间是泊松分布的，泊松分布的间隔时间是符合指数分布的，所以区块链系统中区块的发布时间间隔呈指数分布(Kwon et al.，2017)。在自私链中，自私矿工通过监听诚实链的区块增加情况将自己私链上的区块进行发布，所以区块的发布时间间隔不会呈现诚实挖矿的指数分布，这是很好地判别自私挖矿是否出现的指标。

但是这种根据区块发布时间间隔是否呈指数分布来判断是否受到自私挖矿攻击的指标存在一个问题，那就是通常只是检测区块链上某一段区块的时间分布间隔，自私挖矿所产生的区块在完整区块链中只占很小的比例，而且自私矿工可以从任意的位置开始自私挖矿从而进行攻击，所以在区块数据量庞大的区块链中对小部分的自私区块的检测较为困难。另外，检测区块时间间隔的检测器需要花费很长一段时间来存储数据。

4. 自私挖矿防范策略

因为自私挖矿在算力高的情况下能够提高攻击成功率，也就是自私矿工所发布的区块所在的链为主链，迫使诚实矿工所挖区块被淘汰成为孤块和孤链。攻击者为提高算力，会向诚实的矿工发起共谋的请求，为了避免公众的批评和系统产生应对措施，攻击者与诚实矿工的共谋一般私下进行，所以自私挖矿的行为很容易隐藏，很难在源头禁止。

此外，由于算力在比特币系统中十分重要，算力高的矿池或者矿工会引人注目甚至受到监视，所以自私的矿池或者矿工不会通过使用不同的比特币账户、IP 地址以及伪造区块创建时间来揭示自己的算力和挖矿规模。网络中的其余节点难以判断矿池或者矿工的算力是否达到进行自私挖矿的危险阈值。

从前文可知，自私挖矿是可以被检测出来的，而且有两个明显的指标，一个是孤块或者孤链的产生，另一个就是区块生成的时间间隔是否呈指数分布。利用自私挖矿这种可以检测的漏洞，可以在区块链系统设置检测机制，但问题在于，区块链系统最重要也最脆弱的地方在于系统的透明，且像比特币这样的公链系统，任何人都可以成为节点参与挖矿。这种情况下，系统中检测自私挖矿的机制是完全暴露的，所以存在自私矿工利用自身检测机制，避免被系统检测机制检测到以实行自私挖矿的问题。

6.2.3 日蚀攻击

在点对点网络中，我们将每一个节点同等对待，希望每一个节点都能与其他节点相连接从而传递消息。但实际上，由于建立可靠的 TCP（transmission control protocol，传输控制协议）连接需要消耗网络资源，每一个节点的连接节点数量都是存在上限的，例如在比特币系统中，只允许一个节点接受 117 个连接请求，并最多向外与其他 8 个节点发起连接请求(Heilman et al.，2015)。日蚀攻击就是攻击者通过控制一定数量的 IP 地址对某一个节点的连接进行垄断以控制这个节点与外界的信息传递。

如果区块链中与一个节点连接的 117 个接收信息的节点和 8 个发起信息的节点都被攻击者控制，那么攻击者就能够将此节点与比特币网络隔离，若是攻击者在受害节点和比特币其余网络中建立一个中继，那么可以完全控制受害节点的信息接收。日蚀攻击除了破坏比特币网络，对受害节点与外界信息传递有选择地过滤之外，还利用此节点对比特币系统的共识算法进行双花攻击、自私挖矿等攻击。

1. 日蚀攻击的实施

比特币系统中每个节点的 tried 表和 new 表存储网络公共 IP，表中的存储桶结构存放 IP 地址。在 tried 表中，有 64 个存储桶，每个存储桶里存储着节点已经连接过、验证有效的节点 IP 地址；new 表中有 256 个存储桶，每个桶存放着未建立过连接的节点 IP 地址。

日蚀攻击的具体实施过程为(Hari et al.，2019)：

(1)在比特币网络中，攻击者控制多个网络节点，对受害节点发起 DDoS 攻击，攻击者控制节点持续不断地向受害节点发送 TCP 连接请求信息。

(2)攻击者控制的节点发送 TCP 连接请求和受害节点连接成功之后，受害节点将其存入自己的 tried 表，代表着已经验证的、可以进行连接的节点。连接的攻击者节点不断向受害节点发送垃圾 IP 地址，这些 IP 地址对于受害节点来说从未进行连接过，所以将会放入受害节点的 new 表，使得受害节点的 new 表被垃圾 IP 地址所覆盖，导致受害节点无法与新的 IP 地址建立连接。

(3)受害节点的 tried 表被攻击者控制的节点占据，new 表被无用的垃圾 IP 地址信息占据，受害节点不能与在 new 表中的 IP 地址建立连接，只能不断地与 tried 表中攻击者控制的 IP 节点相连接来进行挖矿。

2. 拥有算力的矿工节点进行日蚀攻击

如果拥有算力的攻击者通过日蚀攻击成功控制节点，意味着攻击者可以用少于 50%的算力来实施 51%攻击。下面举例说明攻击者利用 40%的算力实施 51%攻击(Heilman et al.，2015)，见图 6.10。

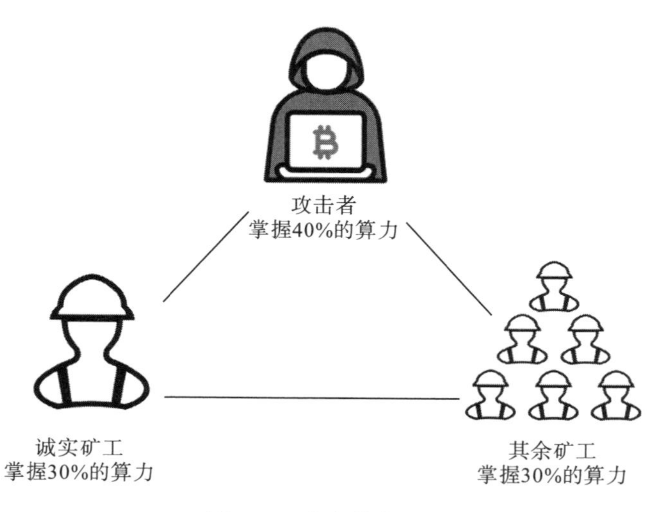

图 6.10　节点算力比例

如图 6.10 所示，起初攻击者算力占全网 40%，存在一个占全网算力 30%的诚实矿工，其余矿工算力为 30%，此时三部分的矿工维持同一条区块链，比特币系统正常运行。

之后，攻击者发动日蚀攻击，控制诚实矿工信息的接收和发送，将区块链网络划分为两部分，使得占据全网算力 30%的矿工不能和攻击者之外的、比特币系统中算力占 30%的诚实矿工进行通信，两个参与方相互之间无法接收到对方生成的新区块。此时攻击者日蚀全网 30%的算力，利用自己操控的全网 40%的算力，与剩余的 30%算力的矿工进行区块竞争，毫无疑问攻击者算力比例大，产生区块速度快，所产生的区块链会成为主链。

这种攻击与 51%攻击等价，因为攻击保证只有攻击者生成的区块才能被添加到区块链中，攻击者有能力选择添加到区块链中的交易，进而控制整个比特币系统的运行。另外，攻击者还可以对历史区块链进行篡改，非常容易地实现如自私攻击等一系列攻击手段。

3. 无算力的矿工节点进行日蚀攻击

当无算力的攻击者对某些节点进行日蚀攻击时能够实现 N 重认证的双花攻击，现存在如图 6.11 所示的算力比例图，攻击者将比特币网络划分为两部分，占全网算力 30%的矿工与商家存储着相同的区块链，开始时攻击者无挖矿能力，但可以通过日蚀攻击实现双重支付攻击。

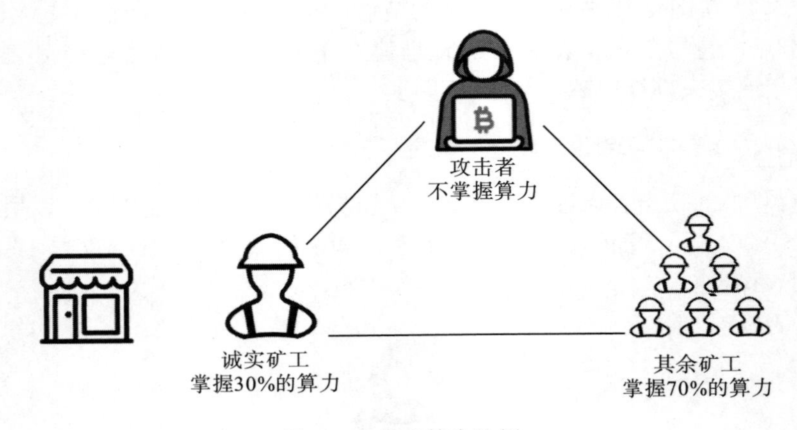

图 6.11 节点算力比例

首先将攻击者通过日蚀攻击划分的比特币网络用 A、B 来进行标识，图 6.11 左边 30%算力的矿工和商家以 A 进行标识，其余 70%算力的矿工以 B 进行标识。攻击者对于同一笔货币分别支付给在网络 A 中的商家和 B 中自己的账户，在网络 A 中的所有矿工存储着攻击者向商家转账的交易，并在之上进行延伸，他们并不知道有更多算力的 B 网络维持着一条更长的链，而且链中还包含攻击者使用同一笔货币进行支付的交易，当网络 A 中所维护的区块链长度达到商家确认交易的区块数时，则将商品交给攻击者，攻击者拿到商品之后，移除对 A 网络控制的节点，此时 A 网络中区块链长度小于 B 网络，所以 B 网络的区块链为主链，攻击者通过日蚀攻击实现双重支付攻击。

4. 日蚀攻击防范措施

改变 new 表和 tried 表存储 IP 地址的机制，避免攻击者随意地重复插入相同 IP 地址进入表中覆盖有效 IP 地址。另外，在日蚀攻击中，利用时间戳较新的 IP 地址被成功存储的可能性较大的特点，修改表存储的机制也能够一定程度降低攻击者 IP 存储数量，如果对于IP地址的存储选择是随机的，那么攻击者无法从时间戳的选择上找到大概率插入IP地址的方法。

一个节点对其他节点发送传入请求时，对new表上未连接的IP地址进行随机连接，若是连接成功则从new表写入tried表，否则将此IP地址从新表中去除。此外，可以添加一个记录表，记录当前输出连接的节点地址以及每个地址第一次连接的时间，一旦节点重启，在记录表中选择两个最早连接的IP地址作为输出连接，提高节点连接其他合法节点的概率。

日蚀攻击中，算力小的矿工攻击者在区块链网络中隔离，其余矿工所维护的区块链大概率比小算力隔离矿工维护的区块链长，又由于长链为主链的规则，所以攻击者能够通过日蚀攻击实施一系列攻击，倘若不是以长链为主链就可以破坏攻击者的攻击。

此外，通过对节点的请求连接访问进行限制，一定程度上可以避免节点遭遇DDoS攻击，或者建立一种检测的机制。倘若在已经建立连接的节点对中，存在一方节点向对方发送大量IP地址的情况，接收节点可以不在new表中存储，而是构建一个记录表，此后节点随机选择表中一些IP地址进行连接，若是成功则将地址加入tried表，其余放入new表，若是成功率低于某个阈值，则认为是恶意节点，将此节点IP地址拉黑且删除记录表中的数据。

6.3　针对权益证明机制的攻击和防范

权益证明(PoS)机制发展分为三个阶段。第一阶段是以点点币为代表的PoW+PoS混合方式下的PoS共识，在此阶段中，矿工出块成功与否与矿工权益有关，权益被定义为矿工拥有的货币的币龄占所有矿工总币龄的比例，币龄是指货币的数量与持有时间的乘积。矿工挖矿仍采用PoW中解决数学难题的方法，但不同于PoW算法的是，在PoS机制中，矿工挖矿所满足的哈希值与矿工币龄和挖矿难度值的乘积有关，挖矿难度值为区块链系统值，目的是稳定出矿速率，而且矿工只能在一定时间内进行一定量的挖矿，即哈希散列函数的计算。在这种机制下，矿工币龄越高，寻找到满足条件的哈希目标值越容易，也就是出块成功的可能性越大。若是矿工能够成功出块，为保证出块的公平性，该成功出块矿工的币龄就会归零，矿工能够根据所持货币数按比例得到一定的收益，也就是利息，作为一种激励机制。此后，待矿工持币时间足够长、累积的货币足够多，此矿工就又能够生成新块。所以矿工出块的概率与其权益有关，币龄越高，出块概率越大，是一种基于权益证明的方法。这个阶段的PoS共识算法相比于PoW虽然节省了算力资源，但是仍需要利用算力进行计算。

第二阶段是以Nextcoin为代表的PoS共识算法，采用100%的权益证明，不再进行哈希计算，以一种叫作透明锻造的方式来生成区块。Nextcoin采用账户余额的方案来构造交易，每一个账户对应一个密钥对。在Nextcoin网络中的每一个区块都存在一个生成签名字段，用户在锻造区块时，利用自己的私钥对上一个区块进行签名，获得自己私钥对应的生成签名字段，之后对此签名字段进行哈希运算，取前8个字节作为参攻值（hit值），若此参攻值小于系统区块生成难度与账户余额，以及当前时间与上一个区块的时间间隔的乘积，此节点获得区块的打包权利。参攻值恒定的情况下，随着时间的推移，一定有节点作为下一个区块的打包者。当然，账户余额较多，也就是权益或者股份较多的节点生成区块的概率大。在此阶段的纯 PoS 算法彻底摒弃了浪费资源的算力竞争，更加绿色环保且高效。

第三阶段是以以太坊的 Casper 为代表的新型 PoS 共识，是一种基于保证金的经济激励共识协议。节点需要缴纳保证金参与共识，在新区块的选择中，参与共识的节点猜测哪一个区块将会上链并且下注，为了获取利益节点必须选择最优概率获胜的区块下注，下注成功就可以收回保证金和下注收益。若各节点对于下注的新区块未达成一致，则节点收回保证金。此外，若节点以恶意的方式选取区块下注，则会遭到惩罚。

6.3.1 长程攻击

PoS 共识算法会遭到长程攻击，长程攻击又叫作远程攻击，是指攻击者试图创建一条链来代替主链。下面分别介绍三种不同类型的长程攻击，即简单攻击、变节攻击以及权益流损。

1. 简单攻击

简单攻击是指利用 PoS 算法、节点不对区块进行验证的简单区块链系统，在这种简单的区块链系统中，节点不需要验证区块，每个节点相互信任。每一轮出块周期中根据算法协议指定唯一的出块节点，此节点打包出块和广播区块，其余节点直接将接收到的区块上链，不进行验证，同时也不对区块时间戳进行验证。当节点之间不存在恶意行为时，此区块链可以正常运行，此时节点的出块概率是可以通过计算获得的。

假设当前区块链系统中有三个节点 A、B 和 M，三个节点在每一轮出块周期都可能产生新块，三个节点维持的区块链如图 6.12 所示，若当前一个攻击者节点 M 想要发动长程攻击，它需要回溯到创世节点生成另一条链从而代替主链，另外由于出块概率不能改变，所以可通过改变时间戳的方法欺骗不进行区块验证的节点。

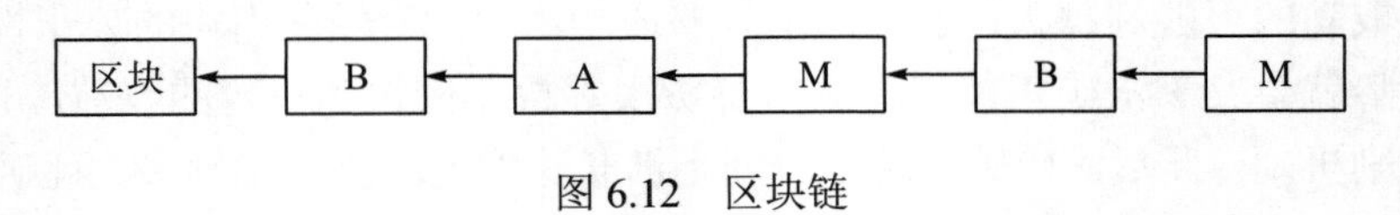

图 6.12 区块链

M 的分支链只保存主链上自己所产生的区块，其余节点产生的区块作为缺失处理。M 提前生成区块来延长这条分支链，如图 6.13 所示，M 所创造的分支链中只保存自己产生的区块，其他节点生成的区块作为缺失处理，并且 M 很容易伪造此分支链中区块的时间戳信息。虽然节点 M 保存的分支链不会对节点 A、B 保存的区块链造成任何的影响，但是对于新加入区块链的节点 C 来说，这时候两条链上的区块数量相同，此时不能利用最长链原则来判断主链。另外，也难以通过时间戳来判断是否有恶意者伪造的分支链，所以对于 C 来说并不能分辨哪个分支从属于主链，有一定概率 C 会保存 M 的分支链，所以 M

的长程攻击是成功的(Ajian，2017)。

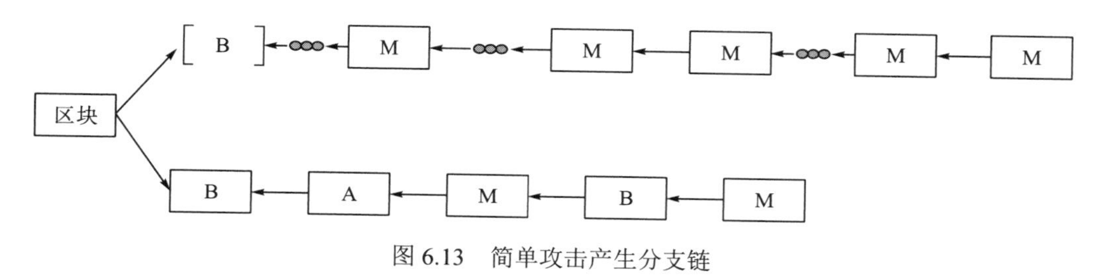

图 6.13　简单攻击产生分支链

2. 变节攻击

若参与共识的节点对区块时间戳进行验证，很容易发现 M 所维护的区块链上 M 产生区块的概率和时间戳信息是不对应的，所以 M 为了实现长程攻击必须要另辟蹊径，M 需要在和主链同样长的时间范围内产生比主链更多的区块，这可以通过变节攻击来实现。

在一个合理的 PoS 共识机制中，参与共识的节点能够按照自己的意愿参与或者退出区块链系统，参与时抵押保证金，退出时返还保证金。

若此时的 PoS 共识机制是通过节点私钥对上一个区块签名，那么取签名的前 8 位作为 hit 值，再通过 hit 值与相关参数的比较来获得出块权，也就是通过纯权益证明的算法来达成共识。假设当前区块链结构如图 6.13 所示，M 发动长程攻击之后，通过一些方法获得 B 的私钥，方法包括：①B 退出区块链系统并获得抵押的押金，之后密钥疏于管理，M 进行盗取；②M 贿赂 B 节点，此时 B 可以选择加入 M 的攻击中，或者得到押金退出系统。

M 获得 B 的私钥之后，对于 B 之前生成的区块，能够通过 B 的私钥在自己维持的分支链上再次生成，所以分支链上不再缺失 B 所生成的区块，如图 6.14 所示，分支链中只缺乏 A 节点生成的区块。若是 B 不退出区块链系统而是选择加入 M 的长程攻击中，分支链上能够生成更多的区块，此时，分支链更具有竞争力，有机会超越主链。

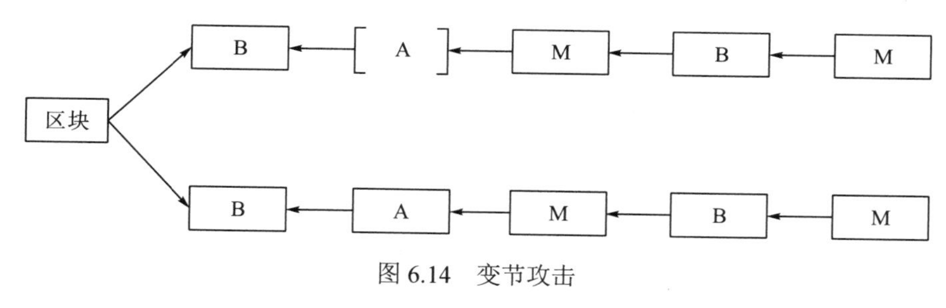

图 6.14　变节攻击

3. 权益流损

另外，M 可以通过权益流损的方式对 PoS 系统进行长程攻击。在进行权益流损攻击时 M 从一开始就有进行长程攻击的想法，当轮到自己生成区块时，它选择将区块存储在自己的私链，不对自己生成的区块进行发布，所以导致区块链中区块结构如图 6.15 所示。

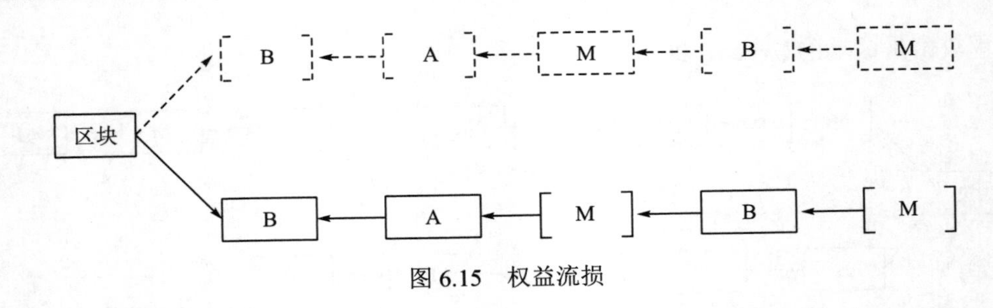

图 6.15 权益流损

这样的策略导致在主链中 M 不能得到区块的生成奖励，在系统中所占的权益比重减少，出块效率变低。但是 M 在自己的分支链中是唯一的验证者，每次出块都能成功上链，在此链上所占权益比重最大。综合来看，M 的行为降低了主链的出块速度，在自己的分支链上获得绝大部分的权益比重。M 在自己分支链上权益比重的增加，意味着此分支链中 M 的出块速度越来越快。一旦分支链区块长度超过主链，M 将自己的权益分发，并且广播自己的分支链，见图 6.16。

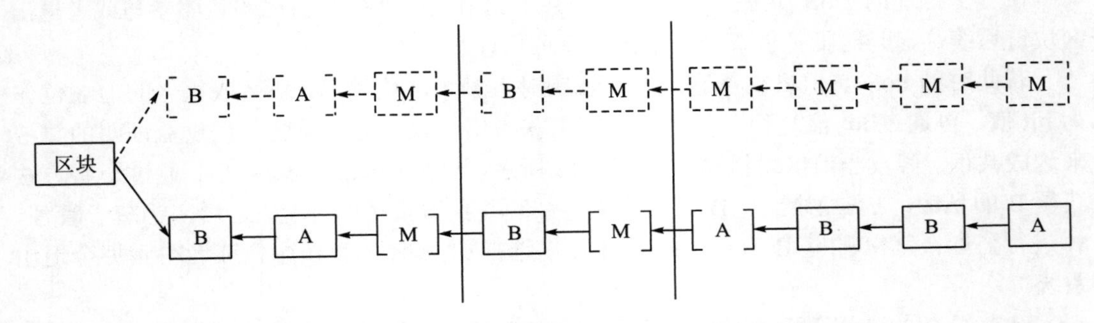

图 6.16 M 节点通过主链上权益流损进行长程攻击

6.3.2 长程攻击防范措施

对于新加入网络的节点来说，最长链原则仍是判断主链的一个很好的原则，但若恶意者所构建的分支链区块长度超过真实主链，那么最长链原则将被攻击者利用。

若攻击者通过收集已退出用户的密钥对基于 PoS 算法的区块链成功构造一条同主链一样长度的伪链，则当前区块链网络中存在两条相同长度的区块链，对于新加入区块链网络的节点来说，无法通过最长链原则来进行判断，选择哪一条链进行延伸是件非常困惑的事情。

检查点机制是 PoS 共识抵御长程攻击的有效手段之一，这种方法并非历史存储区块的不可改写，它所强调的是在共同约定下，从某一时刻开始，这个时刻之前的历史是不可以被改写的。检查点机制的实现方法为：在区块链生成的过程中，每隔一定的区块间隔设置一个检查点。设置检查点的意义在于只有区块链尾端的区块会有重组的风险，不再属于长程攻击的范畴，但无法避免短程攻击等对有限数量区块进行重组的攻击方式。

针对长程攻击的策略除了设置检查点之外，还有一种方法是要求区块创建者在出块时新建密钥，区块完成上链后在极短的时间内销毁创建区块所用的密钥。这种方法通过销毁密钥来对抗长程攻击中攻击者的密钥收集策略，是非常有效的针对长程攻击的方法，但是这种方法存在弊端，即这个方法相当于区块链网络协议中的一种策略，协议正常实施能够使得攻击者难以发动长程攻击，但是协议的实施依赖于节点的诚实度，若存在节点出售密钥所获得的不正当收益，从而未能在每一次生成区块前后按协议正确地创建和销毁密钥，在这种情况下，仍不能阻止攻击者发动长程攻击。

此外，若区块结构借鉴比特币协议中当前区块内记录上一区块哈希值的方法，以此表明区块链所属分支，则使得当前区块不能简单地被复制到其他分支中去，给攻击者对区块链进行长程攻击造成阻碍。

充裕法则是基于区块链系统分支链中区块稀疏程度来应对长程攻击的一种策略。在创世区块中，各参与节点的权益比重被记录，在攻击者实施长程攻击时，随着其生成的区块越来越多，权益比重会越来越大，生成区块速度也会加快。比如在权益流损攻击初期，主链中攻击者 M 权益比重为 20%，则在主链上出块率为 80%～100%，但在分支链中出块率只有 20%，而随着 M 在分支链上权利比重的增加，M 为超过主链尽最大努力出块，分支链的出块速率会大大提升，但是在主链中区块随着 M 权益比重的下降，其他诚实节点增加，出块速率稳步提升。充裕法则就是检测分支链从产生到一定时间内的区块密度变化情况，若存在区块密度显著改变的异常表现，就很容易识别出区块链遭到了攻击。

6.3.3 无利害关系攻击

当基于 PoS 算法的区块链系统中因为网络延迟或者是遭遇长程攻击，在区块链网络中出现分叉时，矿工可以选择在两个分叉的链上同时出块，以获得最大收益，这就是无利害关系攻击。在 PoW 算法中，若矿工发现分叉，在一条链上投入自己全部的算力以尽最大努力挖矿，生成区块使得当前选择链成为主链才能实现收益最大化，因为若将自己的算力分配到不同链上，所有分支链上算力综合不会超过该矿工拥有的总算力。但在 PoS 中，在多个分支链上同时出块所带来的额外成本可以忽略不计，所以矿工可将权益同时用在所有链上，参与每条链的出块，这样能够保证无论哪一条链成为主链都可以获得收益，是矿工最优的选择，但这样无疑会使得攻击者有可乘之机，当分支链区块高度相等时会对新加入节点造成困惑，会破坏区块链的整体性能。

6.3.4 无利害关系攻击防范应对措施

剑手协议可以很好地解决 PoS 算法容易受到无利害关系攻击的问题。剑手协议是指如果矿工在同一层级的区块链分叉中同时对其进行区块生成，那就会失去生成区块应得的奖励。缴纳保证金参与共识的节点都需要签署剑手协议，当节点在相同高度的区块链中同时生成区块时，系统会认定这是一种恶意行为，会扣除其部分保证金。

6.3.5 贿赂攻击

攻击者在区块链系统中产生较短的分叉链，从而实施双花攻击、贿赂攻击等，这些攻击都是由较短链分叉实现的，所以可以称为短程攻击。在 PoS 算法的区块链系统中，短程攻击主要介绍贿赂攻击。

攻击者向商家购买商品，商家等待既定的区块数来确认交易，此交易称为交易 A。另外，攻击者利用支付给商家的此笔货币再构建一笔交易，用于支付给自己账户，此交易称为交易 B。当不含交易 A 的主链足够长时，攻击者转而引导节点打包含交易 A 信息的分叉链，得此分叉链，当区块数量达到商家既定的区块确认数后，商家向攻击者发送商品。攻击者获得商品后，放弃包含与商家交易的分叉链，去维护此前的不包含交易 A 而含交易 B 的链直到足够长，节点放弃含交易 A 的分岔链，交易 A 未上链而 B 成功上链，则攻击者通过贿赂实现双花攻击。

贿赂攻击在 PoS 和 PoW 中都能够实现，但是相对于 PoW 系统在 PoS 系统中更容易实现，所需代价更小。

6.4 本章小结

共识机制是分布式系统的核心，是维持系统稳定高效运行的关键，当前已出现很多基于共识机制对区块链系统进行攻击的手段，针对共识算法的攻击，除了造成财产的巨大损失之外，对于区块链所标榜的安全性也会有很大冲击，所以必须学习研究当前针对共识算法的攻击，弥补和解决当前共识机制存在的问题，从而利用共识机制实现分布式系统的一致性。本章对于共识算法攻击的描述，主要针对当前主流区块链共识算法——工作量证明机制和权益证明机制的攻击方式来进行介绍。

工作量证明是区块链共识算法的先驱，是最为经典的多方参与条件下促使系统达成一致的共识算法之一，有着非常庞大的市场规模和重要的应用地位，是当前公链系统中共识算法的主导。针对工作量证明机制的攻击手段，主要介绍双重支付攻击、自私挖矿以及日蚀攻击，其中详细地阐述了多种造成双重支付的攻击方法，如种族攻击、芬尼攻击、51%攻击等，同时论述了针对双重支付攻击的防范措施。

与要求证明人执行一定量的计算工作不同，权益证明要求证明人提供一定数量加密货币的所有权即可。权益证明机制根据每个节点拥有代币的比例和时间，依据算法等比例地降低节点的挖矿难度，从而加快了寻找随机数的速度。在对权益机制的攻击方法中，主要详细介绍了长程攻击、无利害关系攻击等攻击手段以及其防范措施。

本章仅从工作量证明机制和权益证明机制来阐述针对共识机制的攻击方法，但实际上，当前存在多种共识机制，且每一种都有自己的优势和缺点。在共识机制发展的过程中可以看到，弥补旧的不足同时也会引发新的问题，没有绝对安全的共识算法，目前总是根据区块链实际落地应用来选择合适的共识机制，但发现问题之后解决问题一定是进步的方向和方法，我们期待通过共识机制攻防研究获得更加完善的共识机制，希望读者阅读本章之后能够了解一些常见的针对共识机制的攻击方法和防范应对措施。

参考文献

刘巍然，2018. 比特币点对点网络中的日蚀攻击. https://zhuanlan.zhihu.com/p/42446193.

申屠青春，2014. 51%攻击解析. https://www.likecs.com/show-204802046.html#sc=300.

周亮. 什么是 Pos 的远程攻击. http://www.elecfans.com/blockchain/930761.html.

Ajian. 什么是以太坊 Casper 协议？https://blog.csdn.net/shangsongwww/article/details/88684592.

Eyal I, Sirer E G, 2014. Majority is not enough: Bitcoin mining is vulnerable//International Conference on Financial Cryptography and Data Security. Berlin，Heidelberg:Springer：436-454.

Hari A，Kodialam M，Lakshman T V，2019. Accel：accelerating the bitcoin blockchain for high-throughput，low-latency applications//IEEE Infocom 2019-IEEE Conference on Computer Communications. IEEE：2368-2376.

Heilman E, Kendler A, Zohar A, et al., 2015. Eclipse attacks on bitcoin's peer-to-peer network//24th {USENIX} Security Symposium ({USENIX} Security 15) 5：129-144.

King S，Nadal S，2012. Ppcoin：peer-to-peer crypto-currency with proof-of-stake. Self-published Paper，(19)：1.

Kwon Y，Kim D，Son Y，et al.，2017. Be selfish and avoid dilemmas：Fork after withholding (faw) attacks on bitcoin//Proceedings of the 2017 ACM SIGSAC Conference on Computer and Communications Security：195-209.

Nakamoto S，2008. Bitcoin：a peer-to-peer electronic cash system. Technical Report. https://bitcoin.org/en/.

第七章　共识算法的改进和发展方向

7.1　共识算法改进方向

7.1.1　提高吞吐量

众所周知，当前区块链领域面临的一个最大的问题是效率问题。业界已经存在的一些区块链系统所能提供的交易吞吐率都非常低(袁勇和王飞跃，2016)。比特币的极限速度是平均每秒处理大概 7 个交易，以太坊是每秒处理 30 个交易，而像 Visa 这样的中心化的交易服务可以支持每秒上千个交易的吞吐率。

在公有链中，为了能让参与网络协议的区块链节点对交易的执行达成共识(韩璇等，2019)，矿工挖出区块以后需要在 P2P 网络中进行广播，以便让所有的机器获得一致的账本结构。每个矿工会根据最长链规则，选择将新挖出的区块发布到当前时刻最长链的末尾，即所有诚实的节点会共同延长的链，用以保证恶意节点在不具备 50%及以上算力的条件时无法逆转主链。

然而，在实际情况下，由于存在网络延迟，会出现一个新块在产生以后还没来得及广播到全网节点就产生其他新块的情况，由此造成链上分叉频繁的现状。分叉主要带来两个问题：首先，分叉的区块最终被丢弃，这样的做法大大浪费了网络和计算资源；其次，分叉同时也危害了整个社区的安全性，如果大量诚实节点生成的区块因为分叉被丢弃，攻击者只需要少于 50%的算力就可以恶意延长最长链了。

因此，在比特币或以太坊中，为了保证安全性，它们需要保持很长的出块时间(即很低的出块速率)，或者减小区块数据量以减小区块在网络中广播的延迟，以此来降低分叉出现的频率，但显然也因此大大降低了系统的吞吐率。

提高吞吐率会引发分叉，而不同分叉上的两个区块是竞争关系，它们争夺后续挖出的确认区块，让自己所在的分支成为最长链，失败者则被丢弃。这种存在于由诚实节点挖出的区块之间的无意义竞争，为攻击者带来了可乘之机。为了提高安全性，比特币选择了降低出块速度，尽量避免这种情况出现，这也就是公链中吞吐率低下的原因。

为了提高效率，目前的研究大致有以下思路。

(1)依然采用中本聪共识，但调整协议参数。通过调整出块时间和区块大小来提高效率，如莱特币(2.5min/1MB perblock)、BCH(10min/32MB perblock)。但现有研究表明，无论这两个参数如何调整，提高吞吐率必然以降低安全性为代价。

(2)基于中本聪共识的思想，使用 DAG 技术(张亮等，2019)改造。DAG 技术思路为通过允许每个区块选择多个区块作为自己的父亲或祖先，哪怕在出块速度很快的时候，也可以避免诚实区块之间无意义的竞争。这样，就摆脱了中本聪共识中安全与效率两难的困境，大幅提高了吞吐效率。

(3)使用 PoS 类(如 PoS、DPoS)共识机制。DPoS 算法如 EOS 很大程度上牺牲了去中心化，有不小的争议。而 PoS 算法也存在股权集中、难以应对长程攻击等去中心化或安全性问题。

(4)使用分片(sharding)、状态通道(state channel)等侧链或链下解决方案。这些方案尝试从另一个角度解决吞吐率问题，对吞吐率的提高是可以效果叠加或优势互补的。例如，提升全节点的吞吐率的技术可以帮助使用分片技术的系统减少跨链交易所造成的性能瓶颈，也可以依赖更多的状态通道结算交易。

7.1.2 增强扩展性

在传统分布式系统中，通常可扩展性是指系统的输出是否能够随着节点数量的增加而线性增加，如果能，则称该系统是可扩展的，具有可扩展性。所以按照这个定义类比到区块链中，即如果一个区块链系统是可扩展的，假设它具备 1000 个节点且输出是 T，那么如果链上节点增加到 2000 个，对应的输出应该变成 2T。简单地说，如果把比特币的网络扩大一倍，那么它的 TPS 性能应该翻倍。显而易见，比特币并不具备这样的性质，这是由比特币共识算法所决定的。因此，比特币是不可扩展的。

这带来了一个问题：即便到现在为止，也几乎没有哪个区块链是可扩展的。其实这也好理解：一个线性可扩展的分布式系统中，每增加一台服务器都能增加相应的输出，因为新增加的这台服务器可以独立承担一部分任务。

而区块链和传统数据库不同，它在某种程度上需要多个节点存储同样的数据(传统分布式数据库称其为“异地多活，冗余设计”)，否则就失去了去中心化的意义，所以，在某种程度上，它无法达到多出几个节点就提高多少输出的效果。除非它做出一定的安全性牺牲，或者可信假设，而这就是总被人津津乐道的“区块链不可能三角”。

因此，很多人诟病对于这种可扩展的追求。他们认为牺牲了安全性和去中心化而盲目追求高输出，就失去了区块链的意义。

然而，即便如此，高输出的吸引力还是巨大的。区块链出现之后，人们总是把区块链对标互联网，也总是把公链对标未来的互联网“独角兽”。然而，如果区块链达不到这样的可扩展性，那么它的输出最终会受制于网络，是支撑不起互联网“独角兽”的场景的。为了将这种可扩展和传统的可扩展区分开，在区块链共识算法的语境下，将这种可扩展称为 scale-out，即无限扩展。

总体来说，达到无限扩展的方法目前有两类——链下技术和分片。链下技术本身不在“不可能三角”的框架之中，从本书作者个人的角度看，更多的是把区块链当成可信中介，根据不同应用和场景，考虑不同区块链的特性，提出一个可以借由区块链实现一定程度扩展的链下解决方案。例如链下支付通道，实际上就是储值卡这种针对小额高频交易的解决方案在区块链场景中的映射。从理论上来讲，链下技术和链上技术最大的区别在于 BFT 中的一致性，链上技术需要共识算法保证交易的一致性(尽管可能会需要在安全性或者去中心上做出妥协)，而链下技术中交易的一致性并不取决于共识算法，而依赖于链下方案本身的设计以及双方根据场景对链下的协商。

但是，在学术界，通常不用 scale-out 这个词来形容链下算法，因为链下算法天然具有 scale-out 特性，所以没有必要再特地用这个词来形容。所以，一般提及 scale-out 都是分片算法，能够归于这一类的算法包括 OmniLedger、Chainspace 和王嘉平的 Monoxide，以及偏工程的以太坊分片和 Rchain。

从以上角度看，分片算法似乎和另外两个概念即“第二层(链下扩容)”和“第一层(链上扩容)”方案的定义非常类似。但是实际上，第一层和第二层的概念更多地不是从我们所考虑的无限扩展角度出发的，而是从“要不要改变主链算法”或者“是不是通过链上抵押把交易挪到链下进行”这种角度定义的。所以，实际上除了分片，许多声称具备可扩展性的分片算法并不是“无限扩展”而只是“可扩展”，即第一层方案。

最容易造成混淆的是 DAG(有向无环图)。由于一些 DAG 项目的宣传，以及很多人对于 DAG 结构直观印象造成的错误理解，DAG 在很多综述类文章中与分片并列，并被认为是无限扩展的。然而，DAG 只是一个概念，而把 DAG 用于区块链的方法有很多，例如 GHOST、BLOCKDAG、SPECTRE、PHANTOM、Swirld Hashgraph、IOTA、Byteball、Conflux 等。尽管 DAG 理论上有无限扩展的可能，但是目前的所有有具体算法的 DAG 方案(只有概念的不算)中，没有一个是无限扩展的，都只是可扩展。

7.1.3 减少消耗

原生 PoW 共识算法的改进(Xu and Liu, 2016)目标主要是实现比特币扩容或者降低其能耗。2016 年 3 月，康奈尔大学的 Eyal 等提出一种新的共识算法 Bitcoin-NG，将时间切分为不同的时间段，在每一个时间段上由一个领导者负责生成区块、打包交易。该协议引入了两种不同的区块：用于选举领导者的关键区块和包含交易数据的微区块。关键区块采用比特币 PoW。共识算法生成后，领导者被允许使用小于预设阈值的速率(例如 10 秒)来生成微区块。Bitcoin-NG 可在不改变区块容量的基础上通过选举领导者生成更多的区块，从而可辅助解决比特币的扩容问题。同年 8 月提出的 ByzCoin 共识算法借鉴了 Bitcoin-NG。

这种领导者选举和交易验证相互独立的设计思想，是一种新型的可扩展拜占庭容错算法，可使得区块链系统在保持强一致性的同时，达到超出 Paypal 吞吐量的高性能和低确认延迟。2016 年提出的 Elastico 共识机制通过分片技术来增强区块链的扩展性，其思路是将挖矿网络以可证明安全的方式隔离为多个分片，这些分片并行地处理互不相交的交易集合。Elastico 是第一个拜占庭容错的安全分片协议。2017 年，OmniLedger 进一步借鉴 ByzCoin 和 Elastico 共识，设计并提出名为 ByzCoinX 的拜占庭容错协议。OmniLedger 通过并行跨分片交易处理优化区块链性能，是第一种能够提供水平扩展性而不必牺牲长期安全性和去中心化的分布式账本架构。

为改进 PoW 共识算法的效率(能耗)和公平性，研究者相继提出了消逝时间证明(proof of elapsed time，PoET)和运气证明(proof of luck，PoL)。PoET 和 PoL 均是基于特定的可信执行环境(trusted execution environment，TEE，例如基于 Intel SGX 技术的 CPU)的随机共识算法。PoET 是超级账本(Hyperledger)的锯齿湖(Sawtooth)项目采用的共识算法，其基本思路是每个区块链节点都根据预定义的概率分布生成一个随机数，决定其距离下一次获得记账权的等待时间。每当一个新区块提交到区块链系统后，SGX 即可帮助节点创建区块、生成该等待时间的证明，而这种证明易于被其 SGX 节点验证。PoET 共识的意义在于使得区块链系统不必消耗昂贵算力来挖矿，从而提高了效率，同时也真正实现了“一CPU 一票”（one CPU one vote）的公平性。类似的 PoL 共识也采用 TEE 平台的随机数生成器来选择每一轮共识的领导者(记账人)，从而可降低交易验证延迟时间和交易确认时间，实现可忽略的能源消耗和真正公平的分布式挖矿。2014 年提出的空间证明(proof of space，PoSp)和 2017 年提出的有益工作证明(proof of useful work，PoUW)也是为解决 PoW 的能耗问题而提出的共识算法。PoSp 共识要求矿工必须出具一定数量的磁盘空间(而非算力)来挖矿，而 PoUW 则将 PoW 共识中毫无意义的 SHA256 哈希运算转变为实际场景中既困难又有价值的运算，例如计算正交向量问题、3SUM 问题、最短路径问题等。

7.1.4　定做场景

区块链的核心是建立信任和维护信任。因此，凡是基于信任的应用都可以用区块链。但从相关度的角度来说，首先涉及的是金融，因为整个金融业是建立在信任基础上的，而当前在互联网环境下建立信任的成本高昂、效率低下，因此金融是一个非常重要的区块链应用领域。金融行业中从银行业务中的存贷、支付、结算、清算，到信托、证券、保险等，几乎都可以用到区块链。当然，毕竟区块链技术还不完善，在具体落地上要选择对现有系统影响不大、相对容易实现的应用场景。其他非金融的应用领域，比如和法律相关的存证、权属登记、确认、维权，以及电商、社交方面都有应用场景。未来，与物联网和 AI 的结合也会派生出很多应用场景，是非常有前景的。

目前区块链平台还不太成熟、不稳定。比特币作为虚拟货币应用，是一个比较成功的平台。但是要把比特币延伸去支持其他应用，会很大程度受限于其架构。以太坊作为第一个系统化设计成通用智能合约编程的平台，为区块链应用的发展提供了一个比较好的基础。但目前还在初期，未来会有很多架构上的改变。从目前来看，其性能还不能有效支持大规模的商业应用。Hyperledger Fabric 是一个企业级的区块链平台设计，目前正式版本 1.0 还没有发布，因此也还处于初级阶段。

7.2　共识算法发展方向

7.2.1　安全层面

区块链是否需要准入门槛一直是一个具有争议的话题，通常被大众公认的观点是公有链的加入不应该设有门槛。大多数人怀念中本聪所开创的 one CPU one vote，同时也怀念仅用电脑或者显卡就可以挖矿的时代，因为处于当时那种开放的公有链环境，任何人都可以参加挖矿并且参与到共识过程中。one CPU one vote 是比特币最初的设想，一个运行算力的持有者代表一个投票，对于选择性的投票，应该由这样的方式投票选择，而非由算力的聚集者来投票。

大多数人认为区块链的真谛是一个完全公开的平台，用户只需要下载相应软件，就可以参与其中。而这显然是一个与传统 BFT 背道而驰的理念，因为在传统 BFT 中，所有共识节点必须身份明确，以此来保证恶意节点在全部节点中的比例符合算法要求。由此也会延伸出许可链和非许可链的概念。

然而，如果我们理性分析，不难发现对比特币的安全性贡献最大的恰恰是 ASIC 矿机的出现。因为在 PoW 中获益的唯一方式是双重支付攻击，所以，当算力在不超过 50%的时候，任意节点的作恶行为是严格不划算的。而 ASIC 矿机出现的必然结果就是算力会越发集中，也使得恶意节点总算力达到 50%愈发困难。

相应地，PoS 中存在的“无利益攻击”说明 PoS 也需要设立一个权益门槛来限制参与的节点。此后，相继出现 PoA(proof of authority)、TEE、DPoS 这类直接规定需要准入门槛的共识机制，更不用说联盟链和私链的准入机制了。随着此类共识算法的出现，我们逐渐意识到似乎所有区块链都具备一定的准入门槛，与此同时，我们也很难发现某个共识机制的安全性能在没有考虑准入门槛的情况下能自圆其说。从这个角度来看，BFT 中“所有节点身份已知”的条件反而没有那么不可理喻，毕竟相较于 PoW、PoS 等共识算法，也只是“五十步笑百步”罢了。就共识算法的准入机制来说，二者之间的差异仅仅是准入门槛的高低，本质上是没有根本区别的。但这又与许可链的定义不同，因为新节点进入区块链需要门槛不等同于需要所有其他节点的许可。

所以，共识算法发展的一个趋势是设定共识算法的准入门槛，可以认为是一种去中心化向安全性妥协的结果。一个不争的事实是，在当下共识算法设计之中，我们仍无法摆脱准入门槛这一条件。

7.2.2 扩容层面

本书中所讨论或提及的除 Elastico 和 Omniledger 外的所有算法，其实全部可以归属于可扩展共识算法，这其中包含 PoW、PoS 与 DAG 类共识算法，甚至还包括一些没有明确归属的共识算法，例如 Thunderella、Avalanche 等。可扩展共识算法消息复杂度是 $O(N)$，当网络节点数增加时，理想情况下输出能够不降低，也就是保持不变；而无限扩展共识算法通常被认为是 $o(N)$ 的消息复杂度，换句话说，当整个网络节点数增加时，理想情况下输出能够提高。

$o(N)$ 和 $O(N)$ 的区别其实很好理解：对于链上的任何一条消息，如果需要通知整个网络，即网络中每个节点都需要确认该条消息，则该共识算法至少是 $O(N)$ 的消息复杂度。例如比特币链上所采用的 PoW 算法即是 $O(N)$ 的消息复杂度，或者说传统意义上区块链的复杂度为 $O(N)$。而 $o(N)$ 则表示，对于某一笔交易，只有一部分节点知道，于是便自然而然地可以做到“无限扩展”。共识过程中的“不可能三角”问题表明去中心化、安全性、可扩展性不可能同时得到满足。

区块链在追求扩展性的同时势必会以牺牲去中心化或安全性为相应代价：一种情况是 A 把一笔钱付给了 B 但节点 C 不知道，那么未来 A 可以再把这笔钱付给 C，造成双重支付，这样做存在安全风险；另一种情况是区块链需要委托另一些节点代为验证这些交易，这种情况下存在中心化的趋势。

如果仅仅是对于“可扩展”共识算法来说，最佳情况下输出值随着网络节点增多保持不变，并且输出值是受到网络条件制约的。在网络条件很好的情况下，输出值大约可达1000TPS。而1000TPS这一数值对于被中心化应用(例如峰值达1 000 000TPS的淘宝)“宠坏了”的用户来说，显然是杯水车薪。因此，当下共识算法一个热门的探索方向是无限扩展，而关于无限扩展最热门的两个词叫Layer 1和Layer 2。

当然，与区块链领域其他的大多数概念类似，这两个词最先由工业界采用，在学术上没有严谨定义。实际上，为学术界所接受的定义是：Layer 2类似于闪电网络，指通过押金或者保证金的方式将一部分钱锁定在主链上然后开启链下通道的机制，例如闪电网络、雷电网络、Plasma、RSK、Liquid、Polkadots等；Layer 1则是指修改共识算法达到无限扩容的机制，例如分片机制。两者的根本区别在于交易的安全模型是否更改，换句话说，在Layer 2机制中，恶意行为如双重支付是可能出现的，但是利益相关方可以通过拿走保证金的方式来惩罚恶意行为。但是在Layer 1中，安全模型未被更改，应该从共识算法上保证恶意行为不能成功。

更确切地说，对于Layer 2中的每一笔交易，我们不要求BFT中的一致性(也不要求活性)，但是如果出现了不一致的情况，合法方可以通过某些方法惩罚作恶方，并且需要让整个网络对分歧情况有一致的判断，当然前提必须是合法方需要主动发现恶意行为并主动采取行动；而在Layer 1中的每一笔交易，我们不要求BFT中的活性(因为无限扩展意味着交易不会被所有诚实节点收到)，但是我们仍旧要求一致性。于是，只要所有节点都严格执行共识算法，双重支付的情况是不可能出现的。

显然，两者的冲突不是根本性的，而是在于路线本身的优势、适用性以及可用性。但实际上两者完全可以共存。究其原因，Layer 2中的链下交易其实和一般的交易是有区别的，即Layer 2是有保证金的，换句话说，Layer 2更像储值卡，并不能完全代替现金交易。同样Layer 1也有一定的局限性，因为目前大部分的分片算法，无论是随机分片，或根据地理位置分片，还是根据应用分片，实际上都是以牺牲安全性为代价。而Layer 2则是将安全性交由受害方取回保证金的机制，实际上也是牺牲了安全性。因此，目前几乎所有有关Layer 1和Layer 2的技术，无一例外地都会受到“不可能三角”框架的约束。

7.2.3 启动层面

1. 异步一致，同步活性

在异步网络中，拜占庭节点实际上获得了更大的能力：它可以做任何事来试图造成系统的不一致，也可以假装失效节点，即不响应消息，甚至可以做到选择性地响应。同样地，它也可以任意控制自己响应的时间。显然，在异步网络中，区块链同样需要一致性与活性，但根据FLP不可能理论(Niyaz et al.，2016)，两者是不可兼得的。

目前，大多数人的一个错误观念是比特币其实解决了大网络中的异步拜占庭容错，然而实际上并不是如此。比特币对于网络同步的要求比传统BFT更高，在异步网络中，比特币要么会失去一致性，要么会失去活性。

那么对于目前所有的区块链系统而言，在什么情况下会出现大规模的不同步呢？例如比特币的网络突然断开了，那么可以想象，一定是整个互联网出现了什么问题。而在这样的情况下，在“你无法进行交易，但是你的钱不会丢”和“你可以进行交易，但我们不保证你收到的钱以后能用”之间，估计所有人都会选择前者。大家都会觉得第二种选择十分荒谬，这也就解释了“异步一致，同步活性”的原因。

几乎所有区块链应用都是一类特定的分布式系统，即用于价值交换的分布式系统。而在这种系统中，如果网络长时间大规模地失去了同步，区块链应该优先保证一致性，保证活性并没有什么意义，因为没有正常人会冒着交易失效的风险发起或接受交易。

对于区块链共识算法而言，我们要保证异步网络下的一致性，但是，不需要过多考虑所谓“弱同步”或者“部分同步”的假设，也用不着试图在网络出现极端异步状况的时候获得一些活性。但这并不代表我们可以把它当成一个同步问题看待，事实上相较于“出现了异步情况该怎么办”的问题，我们更应该关注“如何避免网络出现大规模的异步”及“如何避免小规模的断线严重影响整个系统输出”等问题。

2. 更现实的网络假设

共识算法发展及实现的一个基本框架为：首先，必须保证绝对的一致性，然后需要保证同步条件下的活性；其次，设置一个合适的准入门槛，避免让无关节点参与共识；最后，需要一个合适的激励机制来保证节点在正常情况下没有作恶动机。

然而，这三个步骤在实际设计算法的过程中都有急需解决的问题。其中第二和第三步，如何设置合适的准入门槛和激励机制，这是一个仅靠计算机科学家无法解决的难题，其中涉及经济学乃至政治学的知识，而目前很少有人同时在这几个方面都有很深的研究。对于第一步而言，看似 PBFT 达到了异步一致和同步活性，但由于主节点是固定的，恶意节点只要持续 DDoS 攻击主节点就能无限地阻止节点同步，让共识无限延迟。所以仅仅同步共识是不够的，还要考虑在实际的网络中同步的鲁棒性(Mckeown et al.，2008)。

根据这些特性，我们可以梳理出另一条逐渐清晰的脉络：当了解区块链的主要应用场景，例如公链的应用场景是互联网时，我们应该针对互联网的特性做一些新的假设。例如上文所提及的同步性：PBFT 应用于公链是很危险的，因为恶意节点可以很容易地 DDoS 攻击某个确定的节点。相反，PoW 在公链中就比较安全，这是由于 PoW 发布区块的节点是随机的，同时无法被提前预测。因此，在设计共识算法时，我们需要考虑到现实网络中 DDoS 攻击的能力，最理想的状况是像比特币一般，区块发布者的确认和区块的发布同时进行。所以，Algorand 采用 VRF(可验证随机数)的方式进行区块发布者选择，而 Ouroboros 也在后来的版本中把选取区块发布者的方法从哈希函数改成了 VRF。

共识算法发展的趋势：我们应该考虑互联网的实际特性，不再用延迟的眼光去看“异步”这个问题，而是应该考虑“恶意节点有怎样的网络控制能力”。

7.2.4 激励层面

在前文中我们提出，无论何种共识算法，出于安全性考虑，其实都需要准入门槛，即应该选取对整个区块链系统更有责任感的节点。如何让一个节点变得有责任感？此时合理的激励机制就显得至关重要了。而激励机制的设计，无疑是目前区块链共识算法部分较为棘手的难题。抛开激励机制，我们可以先关注这样一个问题：假设这个系统里的节点都已经很负责任了，我们需要采用什么样的共识算法呢？

Zyzzyva 给出的做法是先投机地采用更简单的共识算法快速达成共识，发生错误再退回 BFT。而 DPoS 和 Hyperledger-Fabric 用事实证明，如果所有节点都很负责，区块链甚至不需要 BFT。当然，这其实是个非常有安全隐患的做法，可以认为是投机 BFT 的变种。

实际上，在引入激励机制之后，如果投机 BFT 永远用不到备用方案，那实际上效果和类 PoW 算法没什么区别。目前，在 Algorand 的新版本中采用的拜占庭共识实际上就是一个投机 BFT 算法。而 Thunderella 直接选出一个委员会(Winter et al.，2011)采取同步非拜占庭容错的方法达成共识，称这种方法为快速通道，其实也是一种投机 BFT 的应用。但无论如何，这些算法都会有个备用方案，就是退回传统 BFT 或 PoW。

所以，最终问题的关键又回到激励机制，只要激励做得好，节点都没有恶意行为，无论是 PoW 还是 BFT，消息复杂度都是 $O(N)$。最终，输出也就只受限于网络条件。

7.3 本 章 小 结

共识算法是区块链中最核心的部分。所以共识算法的改进方向和发展趋势与区块链技术的发展和应用密不可分，也同样驱使着区块链技术本身发生相应的变革。本章内容分为共识算法的改进与发展方向，其中 7.1 节从吞吐量、可扩展性、算法消耗、场景定做等方面进行分析，并提出了共识算法当前存在的问题与相应的改进建议；7.2 节分别从安全层面、扩容层面、启动层面、激励层面对共识算法未来的发展趋势进行了展望与构想。

希望通过对本章的阅读，读者能够对共识算法在未来的改进趋势与发展方向有一个初步的了解，并通过查阅本书之外的相关资料和信息，结合本书所得，加入读者自身的理解，对共识算法的改进与发展这一话题充分思考，进而获得更加深刻的了解与长足的印象。

正如本书前面所提到的，共识算法和交易验证的问题非常困难，并且非常微妙。目前有更多新的共识算法提出不同的权衡方案，并且可能会替代当前所使用的共识算法。短时间内，共识算法必须在可扩展性和中心化之间进行权衡(第二层网络可能会打破可扩展性和中心化这个平衡，例如分层网络、以太坊雷电网络、比特币闪电网络)。在未来很长的时间内，共识算法乃至区块链技术的发展仍将没有确定的结论，尤其是共识机制在刺激大规模的参与者参加稳定治理，以及协议和社区如何适应技术发展等方面会发挥什么作用，又会产生哪些影响，我们充满期待。

参 考 文 献

韩璇，袁勇，王飞跃，2019. 区块链安全问题：研究现状与展望. 自动化学报，45(1)：206-225.

袁勇，王飞跃，2016. 区块链技术发展现状与展望. 自动化学报，42(4)：481-494.

张亮，刘百祥，张如意，等，2019. 区块链技术综述. 计算机工程，45(5)：1-12.

Buterin V，2014. Ethereum: a next-generation smart contract and decentralized application platform.https://ethereum.org/669c9e2e2027310b6b3cdce6e1c52962/Ethereum_Whitepaper_-_Buterin_2014.pdf.

Kim C，Sivaraman A，Katta N，et al.，2015. In-band network telemetry via programmable dataplanes//ACM SIGCOMM.

Mckeown N，Anderson T，Balakrishnan H，et al.，2008. OpenFlow：Enabling innovation in campus networks. ACM SIGCOMM Computer Communication Review，38(2)：69-74.

Mousavi S M，St-Hilaire M，2015. Early detection of DDoS attacks against SDN controllers//2015 International Conference on Computing，Networking and Communications (ICNC). IEEE：77-81.

Niyaz Q，Sun W，Javaid A Y，2016. A deep learning based DDoS detection system in software-defined networking (SDN). arXiv preprint arXiv：1611.07400.

Wang R，Jia Z，Ju L，et al.，2015. An entropy-based distributed DDoS detection mechanism in software-defined networking//2015 IEEE Trustcom/BigDataSE/ISPA. IEEE，1：310-317.

Winter P，Hermann E，Zeilinger M，2011. Inductive intrusion detection in flow-based network data using one-class support vector machines//2011 4th IFIP International Conference on New Technologies，Mobility and Security. IEEE：1-5.

Xu Y，Liu Y，2016. DDoS attack detection under SDN context//IEEE INFOCOM 2016-The 35th Annual IEEE International Conference on Computer Communications. IEEE：1-9.

Ye J，Cheng X，Zhu J，et al.，2018. A DDoS attack detection method based on SVM in software defined network. Security and Communication Networks，4:1-8.